JN412292

# 고산 윤선도 원림을 읽다

고산 윤선도 원림을 읽다
전통정원에 담긴 생태미학과 지향세계

초판 1쇄 펴낸날 2010년 12월 30일
지은이 성종상
펴낸이 신현주 ‖ 펴낸곳 나무도시 ‖ 신고일 2006년 1월 24일 ‖ 신고번호 제406-2006-000006호
주소 경기도 고양시 일산동구 장항동 733 한강세이프빌 201-4호
전화 031-915-3803 ‖ 팩스 031-916-3803 ‖ 도서주문 팩스 031-622-9410 전자우편 namudosi@chol.com
필름출력 한결그래픽스 ‖ 인쇄 백산하이테크


ISBN 978-89-94452-04-3 93610


* 이 책은 서울대학교 규장각 한국학 장기기초연구사업비 지원사업으로 저술되었습니다.
정가 10,000원

# 고산 윤선도 원림을 읽다

## 전통정원에 담긴 생태미학과 지향세계

성종상 지음

나무도시

## | 책을 펴내며 |

지금 수정동에는 인적이 끊긴 지 오래이다. 모처럼 마음을 먹고 찾아가려 해도 가기가 만만치 않다. 계곡 입구부터 거대한 채석장이 볼썽사납게 길을 막는다. 기암괴석으로 이루어져 윤고산의 눈을 붙잡았던 절경은 짐작조차 할 길 없고, 사정없이 파헤쳐진 채 벌건 속살을 깊이 드러내고 있는 절개면을 보노라면 그저 참담할 뿐이다. 그런 상황에서 문화재니 경관이니 하는 말은 오히려 사치로 들린다. 겨우 계곡으로 내려가 산길에 접어들어도 길은 점점 스러져가 흔적조차 찾기 어렵고, 거친 돌멩이와 가시덤불이 손발을 할퀸다. 작은 계곡 속의 당차고 장중한 바위와 계류를 찾아내고서 연못을 만들고 터를 닦아 정원으로 만든 고산의 기쁨은 그렇게 적적산중寂寂山中에 방치된 채 우리에게 잊혀져가고 있다. 도로에서 멀지 않은 수정동이 이럴진대 산꼭대기에 조성된 금쇄동은 더 말할 나위도 없다. 지하수 고갈로 연못이 마른 거야 어쩔 수 없다지만 오랜 비바람에 무너지는 석축과 흩어지는 초석들을 그대로 방치해 두는 것은 도리가 아니다. 그것은 특정 개인이나 문중의 문제일 수가 없다. 가뜩이나 전통유적이 적은 한국조경 상황에서 그나마 남아

있는 빼어난 유적조차 외면과 무관심으로 일관하고 있는 우리들의 무심함이 참으로 두렵기만 하다.

지금 왜 한국정원인가? 지금 이 시대에 한국 전통정원은 과연 어떤 의미가 있는가? 지나간 시대의 구닥다리가 첨단 기술과 최신 패션조차 광속도로 변신하는 우리 시대에 과연 무슨 효용가치를 제시할 수 있는가? 이에 대한 즉답을 내기보다 필자의 부끄러운 경험을 고백함으로써 에둘러서 답으로 대신하고자 한다. 십여 년 전 캐나다의 저명한 생태조경가 마이클 허프Michael Hough와 공동으로 한국의 프로젝트를 수행한 적이 있었다. 대상에 대한 애정과 이해를 바탕으로 하는 그와의 답사를 통해 필자는 조금씩 우리 땅, 우리 것에 대한 관심을 키울 수 있었다. 그러면서 그가 소중한 가치를 지닌 자원이라고 찾아내는 것들이 대체로 사소하기 짝이 없는 것들로 평소 우리들이 무심히 지나쳐 왔던 것이라는 사실은 적잖은 충격이었다. 그것은 우리 것을 우리 자신의 눈으로는 읽지 못했던 데서 오는, 부끄럽지만 신선한 경험이었다. 마치 우리가 거울을 봐야 자신의 얼굴을 제대로 볼 수 있는 것과 같은…. 그러고 보면 근대 이후 우리는 우리 것을 제대로 들여다 볼 여유를 갖지 못한 채 어느 사이에 세계화 시대 속에 들어와 있는 상황으로 보인다. 서구 사회에 비해 턱없이 짧은 기간 동안에 근대화와 현대화 과정을 겪어 낸 것이다. 압축된 시간 속 현대화 과정에서 급속도로 경제 발전과 서구화를 겪으면서 자신도 모르는 사이에 우리의 것을 잃어 버려왔다는 사실을 이제야 우리는 안다. 해서 지금 우리 것을 찾는 일이 여간 어렵지 않게 되어 버렸음을 뒤늦게 알고는 통탄하는 목소리가 들린다. 그것은 무대 위의 배우가 오랜 삐에로 역으로 정작 자신의 정체성에 혼동을 겪는 것과 같다.

우리 본연의 문화적 정체성과 심성을 더 늦기 전에 되찾아야 하리라는 주장은 그 같은 반성적 성찰에서부터 제기된 당위의 문제이기도 하다. 특별히 한국 전통정원은 동시대 한국 문화를 풍부하게 하는 유용한 가치들로 가득 찬 보석 같은 장소이다. 자연과 더불어 살기를 최고의 덕목으로 간주했던 우리 선조들의 생각이 고스란히 예술적 감각으로 재현된 곳이 곧 한국 전통의 정원인 것이다. 그러기에 그곳은 생태적 지혜와 생태미학으로 충만한 세계이다. 그러면서 그곳은 직설적인 기법이나 수단에 의지하기 보다는 우리 특유의 상징과 은유적 표현으로 가득 차 있으니 참으로 근사하고 격조 있는 정신문화의 장이다. 이 땅에 깃들어 살았던 우리 선조들이 시대를 고뇌하면서 펼쳤던 꿈과 풍류가 문화예술로 매듭지어진 문화 컨텐츠의 보고인 것이다. 세계화와 국제주의 양식이 전지구적 동시 패션을 암암리에 강요하는 동시대의 조류에서 문화적 일방주의에 대한 우려의 목소리가 높다. 이런 때에 지혜와 미, 그리고 의미로 가득한 한국 정원의 재발견은 문화적 다양성을 높이면서 한국 문화의 정체성을 되살리는 효과적이고도 유력한 방안이 될 것으로 믿는다.

이 책은 한국 정원사를 통틀어 볼 때 한 개인이 조영한 것으로는 가장 많은 작품을 남긴 고산 윤선도의 정원을 생태미학과 지향세계라는 두 가지 시각으로 고찰한 것이다. 정원이라는 것이 자연에 대한 인간 정신활동의 산물이라고 보면 굳이 미학과 지향세계 두 가지 시선으로만 읽는다는 것은 충분하지 못하다. 그럼에도 그렇게 한 것은 이쪽에서 책으로 내고 싶은 조급함이 작용한 탓일 것이다. 그러나 막상 책으로 내려하니 조급함에 비해 정작 내용은 부실하기 짝이 없다. 그런데다가 서울대학교 한국학연구 과제 수행 기간은 이미 약속보다 여러 해를 넘겨 버렸다. 해서 그 동안 조금씩 정리해 둔 메모와 연구 글들을 모아 서둘러 정리하여 책으로 만들기로 한 것이다.

필자가 우리 정원을 공부하기 시작한 것은 불과 얼마 되지 않는다. 위에서 이미 고백한 대로 십여 년 전까지만 해도 필자의 눈은 바깥으로만 향해 있었다. 하루가 다르게 나오는 정원이나 공원 관련 책자들에 소개된 그네들의 새롭고 멋진 작품은 다른 생각의 여지없이 빠져 들 수밖에 없었다. 그것은 구체적 사례나 자료에서 상대적으로 빈약한 우리 것들과 대비되어 너무나도 강렬한 흡인력으로 필자를 사로잡았다. 그러나 스스로의 모습을 되돌아보기 시작하면서 그 흡인력은 어느 순간 흐려지고 그 자리를 우리 것에 대한 관심이 대체하는 것을 의식하기 시작하였다. 그 후로는 쭉 우리 정원을 제대로 연구하여 정리하고픈 생각이 간절하였다. 하지만 생각과는 달리 자꾸만 다른 일에 쫓길 뿐 막상 제대로 된 연구를 하기가 쉽지 않았다. 그나마 대학에 몸을 담게 된 이후에는 방학을 이용해 기회가 될 때마다 우리 땅을 보러 다닐 수 있었다. 특히 지금까지 매년 여름방학마다 계속하고 있는 전통 답사는 내 연구생들은 물론 많은 여러 전문가들이 함께 하고 있는데, 전통에 관한 것을 몸과 머리로 동시에 얻게 해 주는 소중한 모임이다. 대체로 고산 윤선도 원림은 그 답사 모임에 빠지지 않는 필수 목적지이다. 지난 7년간의 답사를 포함한 여러 모임에서 우리 땅과 정원에 대해 많은 이들과 함께 나눈 경험은 이 책을 나오게 하는 큰 바탕이 되었다. 그러니 이 책에서 혹시라도 유익한 부분을 발견한다면 그것은 전적으로 그 분들, 그리고 그 장소들과의 만남 덕분일 것이다. 그보다 많은 다른 미비한 점들은 필자의 부족한 연구 탓이니 내일을 기약함으로써 송구스러움을 대신하고자 한다.

이 책이 나오기까지는 수많은 분들의 도움과 가르침이 있었다. 연구를 시작할 수 있는 길을 터주고, 성과가 나오기까지 참고 기다려 준 서울대학교 규장각 한국학연구원 관계자 여러분께는 이제 겨우 죄송한 마음의 짐을 내려놓게 되었다. 필자가 조경의 길을 택한 이래 지금까지도 크고 작은 가르침을 주시는 여러 선생님들과 동료 교수님들, 그리고 우리 땅과 정원의 멋을 찾는 여정에 필자와 함께 해주고 계신 모든 분들께 지면으로나마 마음으로부터 감사를 드린다. 특별히 매번 해남의 향토 서정과 문향으로 고산 원림 답사를 이끌어 주시는 해남의 박종삼 · 이병삼 · 정윤섭 선생님, 답사 때마다 우리 일행에게 추원당을 흔쾌히 내어주시면서 소중한 자료와 조언을 아낌없이 전해주신 녹우당 종손 어르신 윤형식 님과 동생 윤춘식 님, 또 보길도 현지답사 때마다 늘 안내자를 자처하시며 작은 단서 하나라도 더 전달해 주려 애쓰신 후손 윤창하 님, 그리고 필자가 미처 알지도 못하는 고산 선생의 여러 자취들을 앞서 연구한 당신의 자료로 이끌어 알려 주신 윤승현 선생님께 부족하나마 작은 결실로 감사의 마음을 대신하고자 한다. 자료 조사와 현장 답사에서부터 원고 교정에 이르기까지 많은 시간을 함께 해준 유가현 · 박재민 · 이경은 · 이세영 · 황병현 이하 여러 연구생에게도 평소 하지 못한 고마움을 전하고 싶다. 내용 성격상 기본 판매부수조차 기약하기 어려운 졸고를 흔쾌히 받아주신 남기준 편집장의 동지애적 배려에 심심한 감사를 드린다. 그저 인쇄비

부담만이라도 덜어 드릴 수 있기를 바랄 뿐이다.

그 동안 간단치 않은 일상의 수많은 순간들을 함께 나누지 못한 채 가장으로서의 역할을 미룬 불편함과 아쉬움을 참아준 가족들, 하늘에서도 지켜보고 계실 부모님과 출판의 기쁨을 함께 나누고 싶다.

2010, 초겨울, 관악산 아래서 저자

성종상

차례

# 1
# 들어가며

고산 윤선도의 원림을 포함하여 한국 전통정원을 읽는 관점은 두 가지로 나누어 생각해 볼 수 있다. 정원의 입지 위치나 공간요소, 그리고 그것들의 구성방식 등 물적 차원에 주목하여 그것들이 어떻게 특화되어 있고 표현되어져 있는가를 고찰하는 것과, 그러한 물적 표현 이면에 담겨있는 상징이나 이념의 세계를 들어가 보는 것이다. 전자가 사물의 형상의식에 주목한 것으로서 경관요소의 시각적 특질이나 배치구조, 공간의 구성 체계 등을 파악하여 정원을 우리들의 인지사고 속으로 끌고 들어오는 작업이라면, 후자는 정원을 이용한 이들의 면면을 이해하거나 그들이 남긴 문학작품과 예술적 성취를 찾아내어 해석함으로써 그것을 만든 이의 내면세계 속으로 더듬어가는 작업이다.

## 우리 시대에 다시 정원을 생각하며

정원이란 무엇인가? 정원은 건물 바깥에서 자연을 접하는 일차적인 장소이다. 정원 속에서 우리는 꽃과 나무와 나비를 만나고 즐긴다. 답답할 때 우리는 정원으로 나와 햇볕을 쬐고, 맑은 공기를 마시며, 서늘한 바람도 쐰다. 주택이라는 건물이 생물적 존재인 인간에게 비바람을 막아주는 일차적인 보호처라면, 정원은 보다 심미적이거나 정신적인 차원에 닿아있는 세계이다. 주택이 인공 자재로 만들어진 물적 오브제라면 정원은 자연 소재로 가꾸어진 장소이다. 장소란 기본적으로 땅을 근간으로 하여 성립되는 개념이다. 땅 위에 바닥을 치고 벽을 세워 만들어진 건물이 사람들과 자연을 차단[1]시키는 것을 존재 이유로 하는 데 반해, 흙에 식물을 심고 가꾸어 생물과 자연을 불러들이는 정원은 사람과 자연을 이어주는 것을 존재의 이유이자 목적으로 삼는다. 주택에 정원이 더해짐으로써 비로소 집이 완

그림1. 세연지의 판석보와 꽃잎

성된다. 일생 동안 여러 차례 이사를 하면서도 가는 집마다 정원을 만들어 즐겼던 헤세는 정원을 영혼의 안식처라 간주하였고, 시인이자 조경가인 A. E. Bye는 정원을 인간과 자연(땅)을 연결하는 최고의 매개라고 정의한다. 예술사가 J. D. Hunt에 따르면, 인간이 자연과 만나는 가장 원초적인 장소로서 자연과 문화, 환경과 예술이 하나로 만나는 문화적 자연이기도 한 곳이 바로 정원이다.

그 정의가 어떠하든 간에 사람들은 누구나 정원을 꿈꾼다. 서구의 정원이 에덴, 곧 잃어버린 낙원에 대한 인간의 끝없는 희구의 산물이라면, 동양에서의 그것은 끝내 되찾아갈 수 없는 무릉도원武陵桃源에 대한 향수의 현현체顯現體라 할 수 있다. 아스팔트와 콘크리트로 뒤덮인 채 흙이라고는 제대로 밟을 수조차 없는 메마른

1) 본질적으로 건물은 비, 바람, 추위나 무서운 짐승과 해충 등 좋지 않은 자연환경으로부터 인간을 안전하게 보호해주는 쉘터(shelter)로서의 기능을 그 존재 이유로 한다. 불리한 환경 위험요소를 막아서 인간을 보호하려는 것이나 그 과정에서 불가피하게 다른 자연요소까지도 차단하게 된다.

회색도시에서 살아가면서, 우리는 한 평 작은 정원이라도 갖고 싶어 한다. 그 바람은 회색도시를 벗어나 푸른 자연 속으로 탈출하고자 하는 꿈만큼이나 하릴없으되 집요하다.

## 한국 전통정원의 재발견

고산 원림園林[2)]을 포함하여 한국 전통정원을 읽는 관점은 두 가지로 나누어 생각해 볼 수 있다. 정원의 입지 위치나 공간요소, 그리고 그것들의 구성방식 등 물적 차원에 주목하여 그것들이 어떻게 특화되어 있고 표현되어져 있는가를 고찰하는 것과, 그러한 물적 표현 이면에 담겨있는 상징이나 이념의 세계를 들어가 보는 것이다. 전자가 사물의 형상의식에 주목한 것으로서 경관요소의 시각적 특질이나 배치구조, 공간의 구성 체계 등을 파악하여 정원을 우리들의 인지사고 속으로 끌고 들어오는 작업이라면, 후자는 정원을 이용한 이들의 면면을 이해하거나 그들이 남긴 문학작품과 예술적 성취를 찾아내어 해석함으로써 그것을 만든 이의 내

그림2. 녹우당 차밭. 녹우당 뒤 추원당 쪽은 아늑한 계곡부에 초당과 다정 등이 차밭과 함께 위치하고 있어 조용히 쉬면서 차를 마시거나 산책하기에 적당한 곳이다. 연못과 정원이 있었던 별당 바로 옆이어서 보기에 따라서는 일종의 확장된 정원이라 할 수도 있다.

면세계 속으로 더듬어가는 작업이다.

근래에 들어와 한국 정원에 대한 연구는 양적으로나 질적으로 눈에 띄게 성장하고 있다. 그러나 이 같은 성장에도 불구하고 저간에 이루어진 한국 정원에 대한 연구가 물적 요소나 공간적 특질에 다분히 치우쳐 왔다는 사실[3]은 재고해 볼 여지가 크다고 본다. 한국 정원이 일본이나 중국의 그것에 비해 물적인 가시성이 상대적으로 덜 중시되었다는 점을 감안하면 한국 전통정원에 대한 이 같은 연구 동향은 문제가 아닐 수 없다. 형상의식 보다는 내면의식을 중시하여 온 것이 한국 전통의 미적 태도이고, 한국 전통정원 역시 그 같은 예술적 태도의 범주에서 크게 벗어나지 않는다고 보면, 한국 정원을 제대로 이해하기 위해서는 물적 차원을 넘어 심미적 의미나 정신적 내면세계에 대한 천착이 더욱 요구된다. 그런 점에서 전통정원에 대한 연구는 작정자에 대한 이해부터 시작되어야 한다는 것이 필자의 생각이다. 정원이라는 것이 대다수 인간이 꿈꾸는 대상이라는 관점에서 보면, 그 꿈의 동기와 내용 규명을 정원 연구의 핵심으로 삼아야 하리라는 점은 분명하다.

고산 윤선도가 조영造營[4]한 정원을 이해하고자 하는 시도로서 본 연구는 먼저 고산이라는 인물에 대한 이해로부터 시작하고자 한다. 남다른 감수성과 지적 면모

---

2) 한국 전통정원을 지칭하는 용어는 원림(園林), 임원(林園), 별서(別墅), 산수원(山水園) 등이 있으며, 대개 고유 이름 뒤에 원(園)자를 붙여 "-園" 식으로 명명한 경우가 많다. 이 중에서 원림(園林)이란 산수간에 지어진 민간 정원을 지칭하는 용어이다. 전통정원을 원림이라고 할 때는 자연산수 속에 자리 잡고 있으면서 주변 자연과 어울리도록 조성된 정원을 말하는 것으로, 특별히 자연성을 강조하는 개념으로 이해된다.

3) 이에 대해서 필자는 자세한 연구나 통계를 갖고 있지는 않다. 그러나 그간에 특정 정원을 대상으로 한 논문은 대체로 물적 요소나 공간 배치를 다루고 있는 것들이 주류인 사실만은 확실해 보인다. 다만 최근에 일반인들까지 독자층으로 하여 발행된 책에는 작정자의 인물이나 정원의 상징적인 차원까지 다루고 있는 내용이 적잖이 담겨 있는 것이 눈에 띈다.

4) 조영(造營)이라는 용어는 동양 전통의 건축, 조경, 토목 등의 영역에서 설계 및 시공과 관리 운영을 포괄하는 의미로 사용된다. 1634년 출간된 중국 조원이론서인 『원야(園冶)』에서 계성(計成)은 이 말을 원림을 만들고 가꾸는 '조원(造園)' 에 관한 일체의 작업을 가리키는 개념으로 사용하고 있다. 황기원 외(1993), "『원야 · 홍조론』 연구(1): 주자론을 중심으로" , 『환경논총』 31권, pp.112~115.

그림3. 동천 석담의 수련. 석담은 동천 석실 바로 아래에 바위틈에 조성된 작은 연못이다. 산 중턱 바위틈에서 수련을 만나는 기대치 않은 즐거움을 선사한다.

를 지닌 고산이 자신의 인생 중후반부에 걸쳐 사실상 전적으로 매진한 대상이 '정원' 이라는 사실은[5] 매우 중요한 의미를 지닌다. 그가 만든 정원들이 대체로 산 속에 위치하고 있다는 것도 예사롭지 않다. 그것은 치열했던 정쟁의 와중에서 그가 세상 속으로 나아가 자신의 뜻을 펼치는 대신에 스스로 물러나 대자연 속에서 자신의 내면세계를 지키는 쪽을 택하였음을 의미한다. 이른바 출처지의出處之義에서 처를 취한 것이고, 고산이 조영한 산 속의 정원 곧 원림은 물러난 현장이다. 대개의 조선 선비들이 자신의 고향이나 근거지가 있는 향촌에 물러나 머문 데에 반해 고산은 향촌 해남의 본가마저도 떠나 아예 산 속이나 바다 속 섬으로 들어가 정원을 만들고는, 그 곳을 거처로 삼았다. 이 점에서 우리는 고산의 적극적인 탈속 의지와 함께 정원에 대한 각별한 마음을 읽어 낼 수가 있다. 모략과 비방 가득한 인간세상 대신에 자연을 찾아 들어가서 정원을 조영하며 자신의 온갖 상념과

---

5) 고산이 세속적 삶을 정리하여 큰 아들에게 맡기고, 산 속의 정원으로 찾아 들어간 것이 그의 나이 53세이던 때였다. 그 이후 부용동에서 85세로 사망할 때까지 중간의 유배기간을 제외하고, 그의 주거처는 보길도와 해남의 여러 정원들이었다.

회한을 풀어내었던 것이다. 그러나 고산 원림이 단순히 세속적인 갈등 해소의 장소로만 머문 것은 아니었다. 고산은 산수간 요처에다 정자를 짓고 물을 가두어 연못을 만드는 등 적극적인 작정행위를 통해 자연미를 재발견하고는 몸과 마음으로 교감하며 즐겼다. 그렇게 자연과 더불어 나눈 교감은 그만의 심미적 감성언어를 통해 한시나 국문가사로 표출되었다. 말하자면 원림 속 체험을 통해 인간사로 인한 고뇌를 해소하고, 자연과의 교감을 예술로 승화시킨 것이다.

# 2

# 고산 윤선도의 생애와 정신세계

윤선도의 자연애가 각별한 것은 자신의 산수애호 성정을 단순한 취향이나 풍류적 태도로 즐기는 정도로 만족한 것이 아니라 실제 삶의 터전으로까지 확장시켰다는 데에 있다. 당시 대부분의 선비들이 몸은 현실세계에 둔 채 마음으로만 자연을 희구하는 식의 소극적이고 관념적인 수준에 머물렀음에 반해, 고산은 직접 산수간의 절승을 찾아내고, 그곳에다 자신의 거처를 마련하여 살면서 정자를 짓고 물을 가두어 연못을 만드는 등 적극적인 조원 행위를 하고 그 속에서 자신의 학문과 예술적 세계를 펼치고자 한 것이다.

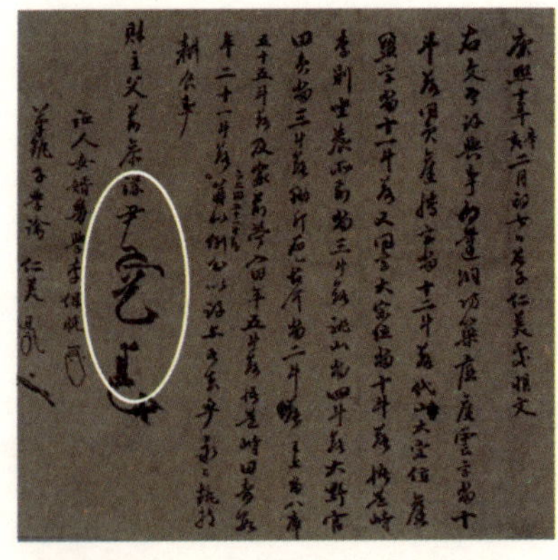

그림4. 분재기에 나타난 고산의 수결(手決: 표시부분). (사진제공: 윤승현)

## 시대상황과 생애

고산 윤선도孤山 尹善道(1587~1671)의 생애 기간은 조선조 정치 · 사회적 변란이 집중되었던 시기이다. 조선조 전체를 통틀어 최대의 전란이었던 임진왜란과 정유재란이 유년기 시절 그의 채 성숙되지 못한 인생관 및 사회의식을 크게 뒤흔들어 놓았다면, 중 · 장년기에 겪은 정묘호란과 병자호란, 그리고 일련의 개인적 역경은 그에게 세속적 삶에 대한 회의와 함께 탈속적 꿈을 가속화시킨 계기가 되었음직하다. 도합 4번에 걸친 조선조 최대의 전란들을 그의 생애 기간 중에 고스란히 다 겪은 데다 사화와 정쟁으로 점철된 조선 중후기에 그 최대 피해자[1]라고도 할 만큼 그의 삶은 파란만장하였다. 실제로 그는 짧은 벼슬길과 도합 세 번에 걸친 유배를 거치면서 끝내 긴 은둔으로 생을 마감하였다. 비록 청년기 이후 몇 번에 걸쳐 과거에 응시하기는 하였으나[2] 그의 삶은 벼슬길과는 인연이 멀었다. 그것은 그가 출사를 통한 정치에 어느 순간부터 회의를 품었음을 의미하는데, 그 이유로는 다음과 같은 것을 들 수 있다(성종상, 2003: 81). 당시 그의 집안이 기축사화己丑士禍 이후 오랫동안 환로宦路에서 제대로 뜻을 펼치지 못한 데다, 그가 비정秕政에 빠진 당시 권력층의 부정을 지탄하며 고발한 〈병진소丙辰訴〉로 인해 그 자신이 무려 6년이라는 기간 동안 유배를 당한 것이 직접적인 계기로 작용하였을 것이다. 또한 양모와 생모를 연달아 잃고, 그 몇 해 뒤 생부마저 여의었다. 그가 한창 혈기왕성한 20대에서 30대 사이에 겪은 이 같은 개인적 슬픔은 당시 광해군의 혼정 속에 펼쳐진 권력층의 불의와 함께 그에게 벼슬에 대한 회의를 불어넣기에 충분하였을 것으로 짐작된다. 그가 그런 회의에서 벗어나 다시 과거에 응시하기 시작한 것은 당시 조정의 혼란이 인조반정으로 마무리되고도 한참 뒤인 그의 나이 37세(別試初試)와 42세(別試 文科 初試 장원) 때였다. 이후 그는 봉림과

---

1) 고산 집안은 선조 때, 기축옥사(己丑獄事) 이후에 동인(東人)의 중심인물이었던 이발(李潑)의 집안과 혼인하였다 하여 정치적 피해를 당하였고, 그의 생부 윤유심과 양부 윤유기 형제가 원통함을 호소하는 유원소(籲冤疏)까지 올린 바 있다. 그 자신의 첫 유배 또한 광해군 때의 소북파(小北派)와 대북파(大北派)의 당파 싸움의 폐단을 준엄한 논조로 공박한 병진소(丙辰疏)로부터 비롯된 것이고, 이후 거의 평생을 서인(西人)과 남인(南人) 사이의 당파 싸움에 휘말려 피해를 겪었던 만큼 당쟁의 폐해에 대한 그의 인식은 각별하였을 것으로 보인다. 그가 제자였던 효종에게 올린 상소 〈시무팔조소(時務八條疏)〉에는 그 같은 당쟁의 폐해에서 겪은 자신의 경험을 토대로 한 붕당타파의 소신이 잘 드러나있다. 이는 나중에 정조 때의 탕평책으로 이어진 계기가 되었다는 평가도 있다(박준규, 1997: 363).

2) 17세 때에 고산은 진사 초시에 합격한 이래 2년 뒤에 다시 소과(小科)의 초시에 해당되는 승보시(陞補試)와 해시(解試)에 연달아 합격하였다. 이어 26세가 되던 봄에는 다시 진사 시험에 제일(第一)로 급제하였다.

인평 두 대군의 사부직을 위시한 주요관직에 특명되어 일생 중 가장 화려한 벼슬길에 접어들기도 하였다. 그러나 그것은 불과 5년 여만에 끝나고, 병자호란 당시 그의 처신이 빌미가 되어 다시 유배를 당하게 된다.

한참 젊은 시절에 겪은 긴 유배와, 기다림 속에 찾아온 화려한 벼슬길의 허망한 끝, 그리고 또다시 당하게 된 유배생활은 그에게 상당히 큰 좌절을 안겨주었을 것이라 생각된다. 이러한 일련의 시련과 경험은 이후 그가 벼슬길에 대해 강한 회의와 환멸을 느끼고, 산수간을 찾아 유인생활幽人生活로 접어들게 한 직접적인 계기가 되었을 것이다. 그 후 그가 다시 간헐적인 짧은 벼슬길에 오른 것은 그가 가르쳤던 효종이 그를 못내 잊지 못하여 거듭 불렀던 66세 이후였다. 그의 생애 마지막 벼슬길이라 할 이 기간 또한 효종의 강력한 후원에도 불구하고 끊임없는 시시비비와 무고에 시달린 끝에, 겨우 2년 여만에 효종이 승하하면서 끝나게 된다. 곧 이어서는 효종에 대한 상례喪禮 문제로 다시 7년(74세부터 81세까지)이란 긴 유배생활이 그의 말년을 장식하게 되었다.

결국 그는 평생 동안 자신의 뜻을 펼치지 못한 채 외로운 삶을 살았으며, 자연과 시는 그에게 그 고단한 삶을 잊고 살아가게 해주는 유일한 벗이었다. 그가 孤山이라는 이름을 좋아한 것[3]도 그의 삶과 무관하지 않다. 보길도 부용동과 문소동, 수정동, 금쇄동의 원림 유적은 그의 그러한 고난의 세속으로부터 일종의 도피처였던 셈이다. 고산의 원림 생활은 그가 광해군 때 이이첨의 권력전횡을 준엄한 논조

3) 고산(孤山)은 윤선도의 호(號)이면서 동시에 지명 이름이기도 하다. 원래 고산이란 지명은 경기도 남양주시 수석동 왕숙천 일대의 옛 지명인데, 그곳에는 선대로부터 물려 받은 집(고산촌)이 있어 장년 이후에 그가 종종 이용했었다. 자신의 호(號)로 고산(孤山)이란 명칭을 사용하기 시작한 것은 그의 나이 66세 이후 고산촌에 머물러 있을 때부터였던 것으로(윤승현, 1999: 28) 알려져 있다. 고산이란 호가 공식 명칭이 된 것은 그의 사후 정조가 왕명으로 '윤고산' 세 자로 부르도록 한(上曰, …必以尹孤山三字呼之…) 이후로 봐야할 것이다. 그 이전부터 사용했던 자(字)는 약이(約而)이고, 호는 해옹(海翁) 또는 해윤(海尹)이다. 고산촌에 대한 보다 상세한 내용은 본 책 62~63쪽을 참조할 것.

그림5. 고산 묘소. 문소동쪽에서 금쇄동으로 오르는 길목에 위치하고 있는 고산의 묘소는 당시 명풍수 이의신이 잡아둔 것을 고산이 꾀로 차지한 명당처로 알려져 있다.

로 공박한 〈병진소〉로 인한 1차 유배에서 해배되어 해남 연동으로 이주한 41세 때부터 시작되었다고 볼 수 있다. 그러나 이때에는 본격적인 원림조영 행위보다는 해남 윤씨의 득관조得貫祖인 어초은의 산소와 종가가 있는 해남 향토 자연에 대한 새로운 인식이라는 소극적 차원의 의미가 크다. 오랜 유배생활 끝에 안착한 자신의 본향 해남 향리에서 고산은 대둔산, 두륜산, 금강산, 병풍산 등의 인근 명산과 대둔사, 미황사 등의 고찰을 위시하여 해남의 승경을 즐기면서 그 진한 향토애와 자연 사랑을 향토 시로 숨김없이 드러내고 있다.[4] 이와 같은 해남 풍경에 대한 인식과 사랑은 이후 수정동과 문소동, 금쇄동의 세 경승지를 찾아내어 원림을 조영하게 한 밑거름이 되었을 것이다. 그는 경치가 빼어난 곳들을 직접 골라 건물을 짓고 정원을 꾸며 자신의 외로운 처지와 심사를 달래고 초연의 경지를 시와 수필로 펼쳐나갔던 것이다. 그의 문학작품들이 출사出仕의 시기가 아닌 유배시절이나

4) 이 때 지은 한시로는 유배 후 출사(出仕)에 대한 고민을 대둔사를 유람하며 아름다운 경치 감상으로 해소하는 내용을 담은 「유대둔사차미상운(遊大屯寺次楣上韻)」(대둔사에 유람하면서 문지방의 시에 차운하다)라는 시와, 해남 인근의 경승 8경과 그 속에서의 한가로운 전원생활 현실을 노래한 「차정자우운영황각로송붕팔경(次鄭子羽韻詠黃閣老松棚八景)」 (정자우의 시에 차운하여 황정승의 소나무 우거진 집 주변의 팔경을 노래함) 등이 있다. 그 외에도 「차장자호운(次張子浩韻)」, 「효우차고운(曉雨次古韻)」, 「추야우음차고운(秋夜偶吟次古韻)」, 「차운수동명사수(次韻酬東溟四數)」 등이 이 당시의 작품들이다.

은둔 기에 지어진 것이 대부분이라는 사실이 이를 잘 증명해 준다. 실제로 그의 대표작이라 할 수 있는 「산중신곡山中新曲」은 수정동과 금쇄동에서, 「어부사시사漁夫四時詞」는 부용동에서 각각 지은 것임을 감안하면, 그의 삶에서 자연(園林)과 예술(詩)이 차지한 비중과 상호연관성을 충분히 미루어 짐작해 볼 수가 있다.

## 개인적 성향과 정신세계

### 고산의 자연관

당시로서는 결코 흔치 않은 85세라는 삶을 살다 간 고산 윤선도의 족적에서 가장 두드러지는 것은 아무래도 문학과 예술적 성취일 것이다. 그것은 그가 태생적으로 남다른 예술적 재능과 감성의 소유자이기도 하지만 유달리 자연과의 교감을 즐겨함으로써 그 같은 재능과 감성이 한껏 발휘된 결과로 봐야 할 것이다. 고산이 자연을 사랑하고 즐긴 증거를 찾기는 어렵지 않다. 그가 남긴 시조와 한시에는 자연취향의 성벽이 풍부하게 노출되어 있다. 특히 그의 시조 중에서 가장 어렸을 때 지은 것으로 알려져 있는 작품에 이미 자연애호의 취향이 강하게 드러나 있는 것으로 봐서 그의 자연애 성향은 생래적인 것으로 판단된다.[5] 자신의 소신을 담은 상소문이나 지인들에게 보낸 편지, 그리고 수필 등에도 자연애호의 성정은 숨김없이 잘 드러나고 있다. 금쇄동을 처음 발견하고 나서의 감회를 적은 『금쇄동기』에서 고산은 "……꽃 피는 아침, 달 뜨는 저녁에 내 뜻대로 거닐면, 내 스스로 오

---

5) 그가 14세 때 안변도호부사로 부임해가는 아버지를 수행하면서 쓴 「임단도중(臨湍途中)」이라는 시에는 여정 중에 보고 느낀 자연 현상과 경물이 한 폭의 그림처럼 묘사되어 있다.

「임단도중(臨湍途中)」

저녁 노을은 나무 숲에 드리우고　　暮色千林樹
가을 빛은 온 산을 단풍으로 물 들인다.　　秋光一嶂楓
강가에는 안개가 저 멀리 자욱하고　　江烟潢遠抹
저녁에는 가을비가 보슬보슬 내리네.　　夕雨下濛濛

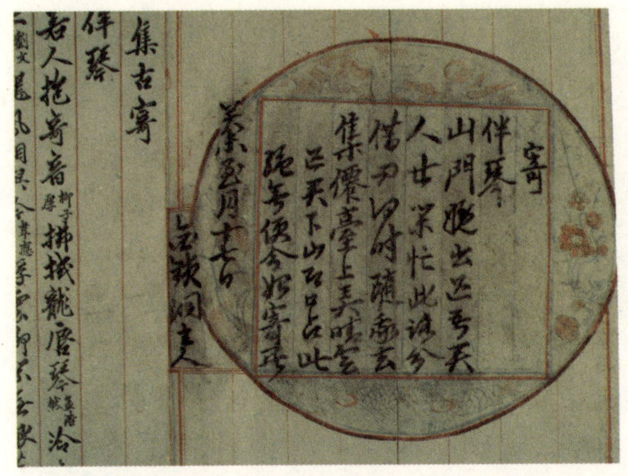

그림6. 금쇄동 집고. 고산이 금쇄동에서 생활하며 쓴 글들을 묶은 책 중의 하나이다. 붉은 색으로 원형과 정사각형 윤곽을 그리고 그 안에 글씨를 정렬한 독특한 형식인데, 네 방향 바탕에 그려진 그림이 눈에 띈다. 꽃과 물고기 등의 윤곽선과 문양, 그리고 채색 기법에서 상당한 감각을 보여주는 이 그림이 혹시라도 고산 솜씨가 아닐지? 만약 그렇다면 고산의 예술적 감각을 확인할 수 있는 또 다른 소중한 자료가 아닐 수 없다(사진제공: 녹우당).

연히 산수의 즐거움을 얻을 수 있다.……"라고 하며 자연과의 만남을 흡족해하고 있다.

고산의 자연애가 각별한 것은 자신의 산수애호 성정을 단순한 취향이나 풍류적 태도로 즐기는 정도로만 만족한 것이 아니라 실체적 삶의 현장화하는 차원으로까지 확장시켰다는 데에 있다. 당시 대부분의 선비들이 몸은 진세塵世에 둔 채 마음으로만 자연을 희구하는 식의 소극적이고 관념적인 수준에 머물렀음에 반해, 고산은 직접 산수간의 절승을 찾아내고, 그곳에다 자신의 거처를 마련하여 살면서 정자를 짓고 물을 가두어 연못을 만드는 등 적극적인 조원행위를 하고 그 속에서 자신의 학문과 예술적 세계를 펼치고자 한 것이다. 대다수 조선조 선비들의 자연탐미와 풍류적 취향을 넘어서, 자연 속의 섭리와 질서를 찾아내어 자신의 삶 속으로 끌어들임으로써 자연과의 합일적 경지를 추구하였던 것이다. 도학자연한 선비들의 태도에서 한 걸음 나아가 그 가치를 자연 속으로 확장시킨 실천적 삶을 추구하였다는 점에서 훨씬 적극적이고 실천적이라 할 수 있다. 관념적 세계를 뛰

그림7. 동천 석담. 동천석실 석담에는 바위 결을 따라 잘라낸 돌 제방이 있다. 지금은 지난 해 복원공사를 하면서 석축을 덧대어서 볼 수 없다.

어 넘는 이 같은 태도를 통해 고산은 자연의 질서와 원리에서 발견하는 규범적 의미를 자신의 삶 속으로 투영시켜 체득하고, 그렇게 달성한 자연과의 합일에서 얻는 기쁨을 거리낌 없이 즐겼던 것이다. 그의 대표작이라 할 수 있는 「어부사시사」와 「산중신곡」은 각각 보길도와 수정동 · 문소동 · 금쇄동에서 직접 체험하면서 맛본 자연과의 교감을 예술적으로 토로해 놓은 것이다.

고산이 자연을 각별하게 여긴 것은 확실하지만 자연을 바라보는 인식은 시대상황과 자신의 처지에 따라 조금씩 달라진 것으로 보인다. 즉, 초창기 20대 고산은 자연에게서 공정성公正性과 효용성效用性[6] 등과 같은 감상적 가치에 주목하게 된다. 그러다가 30대를 지나며 정치 현실과의 갈등이 심화되면서 자연은 점차 현실과 대비되는 관념적 대상으로 인식되기 시작하였다. 그의 정치사회적 삶이 지난할수록 자연은 이념적 이상의 매개가 되기도 하면서 좌절된 현실로부터의 탈출구로서 지향처가 되었다고 할 수 있다. 자연에 대한 고산의 인식이 관념의 굴레를 벗어나 보다 자유로워지기 시작한 것은 그가 정치적 부침을 모두 겪고 난 50대 이후부터였다고 판단된다. 그때는 현실의 욕망을 떨쳐버린 채 한 시인의 자유 의지로 자연과의 조화로운 만남을 꿈꾸며, 자유로운 삶을 강하게 추구하게 된다. 위에서 말한 자연의 섭리와 질서를 자신의 삶과 일체화시키려는 태도는 그 같은 자유로운 인식의 눈을 통해서 얻게 된 깨달음의 산물이었을 것이다.

### 사상과 정신세계

고산은 정치가, 시인, 예술가이다. 그러나 고산의 정신적 바탕에 깔린 것은 유학

---

6) 자연이 인간의 빈부귀천에 상관없이 공평하게 혜택을 베푼다는 공정성(公正性)과 정신을 맑게 하고 마음을 넓혀준다는 효용성(效用性)(성범중, 1988: 110) 등은 20대에 쓴 고산의 글에서 읽을 수 있다.

이니, 그는 역시 유자儒者이다. 주자의 성리학을 토대로 하여 조선조 선비들의 기본 이념으로 자리 잡은 유학은 인본人本을 기본적인 가치로 한다. 인본은 곧 사람을 중시하는 것이니 조선조 유학은 사람으로서의 도리, 곧 도덕을 근본으로 강조하는 도학사상道學思想으로 정리된다. 고산 역시 수신修身으로 시작하여 치국평천하治國平天下로 이르는 유학적 세계관을 신봉한 것은 틀림없다. 고산에게 개인적 수신의 교과서가 된 것은 『소학小學』이다. 『소학』은 유교철학의 정수는 아니지만 수신과 도덕 교훈서의 모태가 되었다고(문영오, 2001: 240)할 만큼 그 내용은 유교적 가치로 가득하다. 고산의 유가적 자세는 『소학』을 통해 형성되었으며, 자손과 제자들에게도 『소학』의 중요성을 여러 번 강조하고 있다. 『소학』의 가르침을 통해 고산은 인륜의 도를 앞세우는 유학자의 규범적 태도를 견지하였다. 고산의 시문에서 유교적 색채를 지닌 사례는 너무 많다. 특히 『고산유고』에 실린 논論, 책策, 표表 등은 고산의 유가로서의 면모를 여실히 보여주는 좋은 사례이다. 금쇄동을 처음 발견하고 기뻐서 지은 『금쇄동기』에는 그의 유가로서의 진면목이 단적으로 잘 드러나 있다. 즉, 그는 금쇄동의 경치를 유교적 가치인 충신忠臣, 의義, 예禮, 공경恭敬, 도道 등의 유교적 가치와 비유하면서 묘사하고 있다. 금쇄동의 경치를 유교의 도에 드는 한 과정이요, 그 절차로 보아 묘사한 것이다(박준규, 1997: 376).

조선조 선비치고 유자 아닌 사람이 없으니 그를 유자라고 하는 데에는 하등 이상할 게 없다. 그러나 고산을 퇴계나 율곡, 서애 등 그의 앞 세대 인물은 물론 동시대 정적이었던 우암 송시열과 같은 범주의 유학자로 간주하기는 쉽지 않다. 고산에게서는 그들과 같은 성격의 유학자적 면모를 찾아보기가 어려운 것이다. 이 점은 당대 유학사를 논한 책에서 고산의 비중이 극히 작게 설정되고 있다는 사실[7]에서도 쉽게 확인된다. 그렇다면 고산에게는 유가적 면모 이외에 어떤 면모가 있었는가? 결론부터 말하자면 고산은 주자학과 실학의 과도기적 절충의 면모를 지닌 인물이었던 것으로 판단된다. 그는 원래 주자를 숭상하는 도학자이기는 하지만, 허세만을 앞세우고 비현실적인 도학풍에 젖은 당대의 선비들과 달리 사실을 중히 여기고 검소한 생활과 과학적 삶을 추구한 지식인이었다(박준규, 앞의 책: 401). 유자로서는 특이하게 고산은 주자학 이외에도 천문天文, 지술地術, 의술醫術, 지리地理 등의 실용적인 학문도 중시하였던 것이다. 경서에만 전념하여 훈고에 얽매이는 관념론자라기보다는 실용적인 방면을 중시한 실천가로서의 고산의 면모는 당대 이후 전개된 실학사상과도 연결 지어 볼 수 있는 부분이기도 하다. 실사구시實事求是와 이용후생利用厚生을 실학사상이 지향하는 기본 이념이라고 보면 이 둘은 고산의 삶에서 일관되게 구현되어진 가치이다.

유학이 정신세계의 본류로 자리 잡고 있었던 것은 분명하지만, 고산은 유학 이외에 도교나 불교적 취향도 지니고 있었던 것으로 보인다. 고산 사후에 그의 시장諡狀을 쓴 홍우원은 고산이 '노자나 장자의 글은 일체 배척하였다(노장지서 일절척거: 老莊之書 一切斥去)' 라며 고산이 도교를 배척한 것으로 소개하고 있다.[8] 그러나 고산의 시문에서 도교적 색채가 농후한 작품은 적지 않으며, 은둔적 원림생활로 일관한 그의 삶 자체도 이미 도교적 취향에 가깝다. 고산의 작품에는 도가道家에서 사용

7) 고산의 유학자적 면모를 역설적으로 잘 보여주는 것으로 이민홍은 동시대 유학사에서 고산이 차지하는 비중이 극히 적다는 점을 지적한다. 즉, 현상윤의 『조선유학사』에서 고산은 '예송(禮訟)' 논쟁에만 잠깐 언급되고 있는 정도이고, 성락훈의 『한국유학사』에서는 그나마 아예 이름조차 비치지 않고 있다. 보다 상세한 것은 다음을 참조할 것. 이민홍, 『조선조 시가의 이념과 미의식』, 성균관대학교 출판부(2000), pp.311~319. 그 외에도 고산이 당대 유자들과 같지 않은 점은 그가 많은 제자들을 키워내지 않았다는 점이다. 전 생애를 통해 출사보다는 퇴하여 산수간에 머문 기간이 훨씬 더 길었음에도 적극적으로 제자들을 양성한 기록이 그다지 눈에 띄지 않는 것은 그가 여타의 유학자들과는 다른 면모를 지녔음을 의미한다고 할 수 있다.

8) 시장(諡狀)이란 재상이나 유학에 밝았던 이가 죽었을 때 시호를 내리도록 왕에게 건의하기 위해 고인의 생전 행적을 적어 올리던 글을 말한다. 유학적 가치가 중요한 평가 기준이었으므로 시장에는 통상 고인의 유학자적 덕목을 특별히 부각시키는 경우가 많았다. 홍우원이 쓴 시장에 고산이 노장의 글을 일절 배척하였다고 강조한 것도 그 같은 맥락이었을 것으로 추정된다.

하는 용어가 다양하게 등장할 뿐만 아니라 신선이 산다는 지명과 도인들의 이름 등 도가적 표현이 빈번하게 등장한다. 고산은 현실세계의 가치에 얽매이는 유교만으로는 자신의 시상을 수용하기에 한계를 느꼈을 수밖에 없었을 것이다. 그러나 그렇다고 하여 고산이 사상적으로 도교에 깊이 심취하였다고 보기는 어렵다.[9] 노장적 공간이 작품 속에 많이 등장하는 현상을 유자의 일상적인 삶에서 오는 "구속으로부터의 탈각"(이동환, 1980: 74)을 추구한 당시 사대부들의 태도의 소산이었다고 보면, 고산 역시 그 같은 반열에서 크게 벗어나지 않은 것으로 보는 것이 무난할 것이다.

결론적으로 고산의 정신세계는 유학을 바탕으로 하되 관념에만 머물지 않고 실용적이고 과학적인 분야까지 체득하여 실제 삶에서 생활화하였고, 노장적 세계까지 넘나들면서 자연 속 원림 생활을 즐겼던 것이라 할 수 있다.

### 예술적 취향과 자질

고산 윤선도는 시는 물론 음악에도 뛰어난 예술가였다. 일찍이 동양에서 자연에 대한 예찬은 시詩 · 서書 · 화畵 · 음音으로 즐거이 표출되고 노래되어진 바, 이는 고산에게도 예외는 아니었다. 고산에게 있어서 음악은 단순한 취미나 기호를 넘어서는 것이었다. 그에게 있어서 음악은 "평화롭고 장엄하며 너그럽고 치밀하며 치우치지 아니하고 바른 뜻"(정운채, 1995: 98)을 추구하는 방편이었다. 참다운 음악은

---

9) 도교 사상에 대한 조선조 사대부들 태도를 논함에 있어서 성기옥은 '자료적 차원의 소재를 주제적 차원의 사상으로 치환시키는 오류'에 대해 지적하고 있다. 문학 작품에서 검출된 특정 도교적 요소를 작품, 나아가 작가의 사상으로 환원시켜 버리는 단순논리식 접근을 경계하여야 한다는 것이다. 대신에 그는 그 같은 사상이 작품의 의미와 미학적 차원에서 어떻게 관련되는가라는 점이나 주제나 세계상의 형성에 어떻게 작용하였고 어떻게 변용시켰는가라는 사상의 역동적 이해의 중요성을 강조하였다. 결국 조선조 사대부에게 있어서 신선이나 선계는 도교 사상에의 침윤이 아닌, 유토피아의 한국적 일반범창과 비슷한 관념으로 확장, 수용되는 모티브로서의 의미를 지니는 것으로 봐야 한다는 것이다. 성기옥(1998: 12~25).

그림8. 세연지보다 약 50미터 높은 지점에 위치한 너른 바위 옥소대는 고산이 특별히 보낸 키 큰 무용수가 춤추던 곳이다. 세연지 계담 수면에 비춰 보이는 하늘과 구름을 배경으로 너울너울 춤추는 무용수는 마치 하늘에서 내려온 선녀인 듯 착각까지 불러 일으켰을 만하다.

기쁨을 돕는 것에서 나아가 마음을 다스리는 것이라 여겼던 것이다. 시조가 갖는 음악적 기능의 중요성으로서 정서적 감발기능感發機能은 이미 『시경詩經』에서 시체율격詩體律格을 논하고 있을 만큼 강조되어 왔다. 『논어』에서도 "興於詩 立於禮 成於樂"이라 하여 시는 음악을 만나야 비로소 그 완전한 기능을 발휘할 수 있다고 강조한다.

고산 윤선도는 한국 문학사에서 단연 빼놓을 수 없는 대표적 시조시인(박준규, 앞의 책: 1)이라 할 만큼 많은 시조를 지었다. 시조는 시가詩歌라 하여 음악의 한 유형으로 간주될 만큼 시라기 보다는 노래에 가까운 장르이다. 고산이 시조를 많이 지었다는 것은 곧 음악을 좋아하여 노래 부르고자 한 동기와 직결되는 문제(박준규, 앞의 책: 456)라고 할 만큼 그의 노래에 대한 천착은 남다른 데가 있었다. 고산의 음악적 관심과 성향은 여러 작품에서 잘 드러나 있다. 그의 음악에 대한 사랑은 시조의 이름을 음악성이 드러나도록 붙인 것에서부터 잘 드러나 있다. 그가 지은 시조에는 -가歌, -곡曲, -사詞, -영詠, -요謠, -음吟, -조操 등의 음악과 연관된 이름으로 끝나는 작품이 많이 보인다.10)

해남 금쇄동에서 생활하던 57세 때의 작품 「증별권반금贈別權伴琴」은 거문고를 잘 타서 반금이라는 호를 지닌 권해와 작별하면서 지어준 이별의 시(贈別試)이다. 권해와의 음악적 교분을 입증해 주는 시는 다수 발견되는 데 그 중에서 「증반금贈伴琴」이라는 시를 보면 고산이 권해를 얼마나 각별하게 생각하였는지 잘 알 수 있다.

---

10) 「어부사시사」를 비롯하여 「산중신곡」, 「산중속신곡」, 「초연곡」, 「파연곡」, 「몽천요」, 「견회요」, 「우후요」, 「조무요」, 「하우요」, 「야심요」, 「일모요」, 「고금영」, 「춘효음」, 「추야조」, 「오우가」, 「고금영」 등이 그 대표적인 것들이다.

11) 『열자(列子)』 제5편 「탕문편(湯問篇)」에 나오는 고사로 음악으로 서로 통하는 친구를 말한다. 춘추시대 거문고의 명수였던 백아(白牙)가 자신의 음악을 알아주는 종자기와 교류하다가 그가 죽자 다시는 거문고를 타지 않았다는 데서 유래되었다.

「증반금贈伴琴」

소리가 있은들 마음이 이러하랴

마음이 있은들 그 소리를 누가 하랴.

마음이 소리에 나니 그를 좋아 하노라.

(박준규, 앞의 책: 338)

그는 이 시조의 발문에서 권해의 거문고 연주가 너무 뛰어나서 '음식 맛조차 잊을' 정도로 즐겨 듣고 있음을 토로하고 있다. '소리' 에 '마음' 이 담긴 권해의 거문고 연주를 사랑하여 자주 청해 감상하고서 시로 화답한 것이다. 권해와의 친교가 이른바 지음지우知音之友[11] 경지에 의한 것으로 서로가 음악을 통한 예술적 동반자이었음을 짐작할 수 있다. 뿐만 아니라 고산은 그 자신도 일찍부터 거문고를 가까이 하며[12] 음악적 감각을 키웠던 걸로 보인다. 고산의 음악적 성향을 잘 드러낸 작품 중에 빠뜨릴 수 없는 것이 「어부사시사」이다. 「어부사시사」 40수는 가창歌唱을 전제로[13] 한 것이다. 고산은 전대 어부가들을 평하면서 "음향불상응音響不相應"과 "어심불비語甚不備"라는 두 가지 관점에서 아쉬움을 토로하였다.[14] 전자가

12) 고산의 생애에서 거문고와 관련된 족적은 곳곳에서 발견된다. 그가 25세 때에 쓴 〈남귀기행(南歸紀行)〉에 거문고를 수선했다는 구절이 나오는 걸로 봐서 20대에 이미 거문고를 휴대하고 장거리 여행을 떠날 정도로 친숙해져 있었음을 짐작할 수 있다.

13) 어부사시사의 발문에는 '맑은 못이나 넓은 호수에서 조각배를 띄우고 즐길 때 사람들로 하여금 목청을 같이하여 노래 부르게 하고 서로 노를 젓게 한다면 이 또한 즐거움이 아니겠는가' 라고 하여 가창 의도를 분명히 하고 있다. 박준규(1997), p.343. 이 중에서 '맑은 못이나 넓은 호수에서 조각배를 띄우고 즐길 때 사람들로 하여금 목청을 같이하여 노래 부르게 하고 서로 노를 젓게 한다' 는 내용은 후손 윤위가 쓴 〈보길도지〉의 세연정편 설명에 묘사된 장면과 정확하게 그대로 일치한다. 고산의 예술적 취향이 관념에만 머무르지 않고 실제로 실현되어 체험되었다는 사실을 보여주는 좋은 실례이기도 하다.

14) 이 점은 마치 퇴계가 '한시는 읊을 수는 있으되 노래할 수는 없다' 라고 하면서 '노래로 부르고자 하면 이언(俚言)으로 짓지 않을 수 없다' 라고 한탄한 것을 연상시킨다. 이언(俚言)이란 항간에 떠돌며 사용되는 속된 말로서 당시 선비 계층에서는 잘 통용되지 않던 상말을 말한다. 퇴계의 지적은 당시 한문이 갖는 음악적인 활용상의 한계를 적시한 것이다.

그림9.
고산유금(사진제공: 정윤섭)

음악적인 차원에서의 지적이라면 후자는 문학적인 면모에서의 아쉬움이다. 그리하여 고산은 자연계 물상과 현상을 구체적이고 감각적으로 묘사하면서 음악적 운율을 중시하는 방향으로 개작하였다. 전대의 어부가들이 관념적인 범주에 머무르고 있는 데에 반해 고산은 훨씬 더 감각적이고 예술적인 성정을 담아내었던 것이다. 물론 그 이면에는 노어부海魚翁라 불릴 만큼 실제 보길도에서의 삶을 즐겨 했던 고산의 체험이 바탕에 깔려 있는 것이다. 「어부사시사」 발문에 그가 밝힌 대로 '조각배를 띄우고' 즐기면서 '사람들로 하여금 목청을 같이하여 노래 부르게 하고 서로 노를 젓게' 한 것은 음악을 통해 함께 나눔으로써 예술적 감흥을 고양시키는[15] 것을 의도한 것으로 볼 수 있다. 고산의 「어부사시사」가 그 이전의 어부가와 비교했을 때 한결 음악적이라는 평가는 이 같은 고산의 의도의 산물인 셈이다. 보길도 현지의 방언까지 사용하면서[16] 국문가사로 지은 것도 같은 연유로 해

그림10. 세연정 동대(위)와 서대(아래)는 고산이 음악과 함께 무용을 감상하기 위해 조성한 곳으로 일종의 정원 내 무대이다. 정원의 중심인 세연정에서 바라보기 좋은 지점 동쪽과 서쪽에 좌우 대칭으로 단을 쌓아 만든 동대와 서대는 한국 정원사에 유래가 없는 독특한 공간양식이다.

석 가능하다. 국어가사로 되어 쉽게 배울 수 있고, 음악적 운율로 구성되어 있으니 어린아이나 하인들도 즐겁게 따라 불렀을 것이다. 말하자면 세연정에서 아이들이나 무희들은 예술적 흥취를 위해 고산의 원림에 초대된 예술적 동참자인 셈이다.

결론적으로 고산은 노래를 부르고 즐기기 위하여 많은 시조를 지었다고 해도 과언이 아니다. 달리 말하면 그만큼 음악에 능하고 좋아하였기 때문에 훌륭한 시조가 많이 생산될 수 있었던 것(박준규, 앞의 책: 332)이라 할 수 있다.

---

15) 고산이 예술적 감흥을 다른 이들과 함께 나눈 사실은 여러 군데에서 발견된다. 거문고를 좋아하여 권해를 반금이라 하여 친애하면서 자주 불러 노래와 시를 주고받았다는 것은 잘 알려져 있는 사실이다. 심지어 삼수에 유배 중인 때에도 음악에 대한 고산의 남다른 감회가 드러나기도 한다. "이때 비바람이 하늘에 가득하였는데 가을빛이 매우 짙었다. 노래 부르는 아이 중에 내가 남쪽에 있을 적에 지은 「산중신곡」을 부를 줄 아는 자가 있었다."(78세, 1664, 현종 5, 甲辰) 세연정에서는 동남들과 「어부사시사」 노래 부르기와 함께 무희들의 춤, 그리고 관현악까지 함께 어울리는 종합예술을 자제들과 함께 즐겼다. 고산에게는 거문고 연주자는 물론 자제, 어린이, 희녀, 무희와 하인들까지도 예술적 즐김의 동반자였던 셈이다.

16) 하사(夏詞) 8의 '둠', 추사(秋詞) 8의 '머엿', 그리고 동사(冬詞) 2의 '주대' 등이 이에 해당된다.

# 3

# 고산 윤선도 원림생활

고산이 만든 정원은 한국의 대표적 정원으로 손색이 없는 걸작이다. 그가 만든 정원은 한결같이 바위와 물이 절묘하게 어우러진 곳에 입지하고 있으면서 지형지세와 자연요소를 예술적 감각으로 끌어들여 정원으로 조성하였다는 공통점을 갖고 있다. 또한 고산은 정원을 이용하고 즐기는 데에 있어서도 남다른 취향과 태도를 보였다. 그는 아름다운 산수 간에 찾아 들어가 자신의 솜씨로 정원을 조성해 놓는 데에 그치지 않고 그 속에서 시, 음악, 무용, 그림 등 다양한 예술적 활동을 펼쳐 즐김으로써 정원의 효용을 배가시키고 심미적 감흥을 심화시켰다.

## 한국 최고의 정원가, 고산 윤선도

필자는 고산 윤선도를 한국 조경사에 있어서 가장 대표적인 정원가라고 생각한다. 이 주장의 근거는 다음과 같다. 첫째, 한국 역사상 한 개인으로서 고산만큼 많은 정원을 만든 이를 찾아보기가 드물다는 사실이다. 전 생애를 통해 고산은 자신이 머무는 곳마다 정원을 짓고 즐겼다고 기록은 전한다. 유적만 해도 보길도 부용동 정원이 거의 온전히 남아있고, 해남의 삼승이라고 불리는 수정동, 금쇄동, 문소동도 현재 그 흔적이 남아 있다. 연동 마을의 해남 윤씨 종가 녹우당과 마을 앞 백련지도 고산의 손길이 짙게 배여 있는 곳이다. 또 그가 생전에 종종 머물렀던 경기도 남양주 수석동 고산촌에도 한강과 왕숙천이 이루는 하천경관을 활용하여 조영한 명월정明月亭과 해민료解悶寮의 흔적을 찾아 볼 수 있다.[1] 그 외에 경북 성주에 있었던 쌍도정雙島亭 정원[2]도 고산과 관계가 깊다는 주장[3]도 최근 제시되고 있고, 그의 유배지인 함경도 경원과 경상도 기장 등에서도 그가 정원생활을 즐겼다는 사실이 여러 기록에 나온다.

둘째, 고산이 만든 정원은 질적으로도 한국의 대표적 정원으로 손색이 없는 걸작이다. 보길도 부용동은 물론이거니와 수정동과 금쇄동 등 남아 있는 정원은 모두 빼어난 경승지를 찾아내어 독특한 정원으로 꾸며낸 걸작이다. 그가 만든 정원은 한결같이 바위와

그림11. 쌍도정도, 겸재 정선, 1720년대. 경북 성주 관아의 정원이었던 이곳은 고산 윤선도와 연관성이 깊어 보인다.

---

1) 남양주 수석동에 남아있는 고산의 흔적에 대해서는 윤승현의 연구가 눈에 띈다. 윤승현은 남양주와 경북 기장 유배지 등을 관련 사료 연구와 함께 현장을 직접 찾아다니면서 고산의 흔적을 찾아내어 정리한 바 있다. 자세한 내용은 다음을 참고할 것. 윤승현(1999), 『고산 윤선도 연구 - 고산촌 발견과 고산 연구를 위한 기초자료』, 홍익재. 고산이 그곳의 독산 이름에서 호를 취하고 명월정을 비롯한 정자를 짓고 지낸 정원생활의 흔적을 더듬어 해석하고 새로운 정원으로 재구성해낸 연구도 최근에 새로 나왔다. 유가현(2007), 『남양주 고산(孤山) 산수정원 설계』, 서울대학교 환경대학원 석사학위논문

2) 경북 성주 관아의 객사인 백화헌(白花軒) 남쪽에 있었다고 전해지는 정원이다. 지금은 없으나 겸재 정선의 그림 〈쌍도정도(雙島亭圖)〉를 보면 담장으로 둘러쳐진 정원 안에 석축과 괴석으로 잘 정돈된 방지가 있고, 그 안에는 역시 석축으로 된 두 개의 섬이 날렵한 다리로 서로 연결되어 있다. 특히 공간 조성양식상 주목되는 것은 섬이 거의 사각형에 가까워 사실상 방도(方島)라는 점과, 섬 안에 다시 낮은 단을 지어서 각각 정자와 나무를 심었다는 점이다. 조선조 연못이 방지원도(方池圓島)를 전형으로 한다는 점에서 두 개의 방도는 예사롭지 않다. 섬을 사방으로 높다랗게 석축으로 둘러놓고 다시 그 안에 단을 지은 것은 세연정의 동대와 서대를 얼핏 연상시키기도 한다. 또한 섬 안의 정자는 아담한 초정이어서 인소정과 대비시켜 볼 수 있고, 연못 속에 세워둔 괴석도 곡수당과 유사성을 갖고 있는 것으로 보인다. 쌍도정에서 발견되는 이 같은 고산과의 연관성은 앞으로 연구해 볼 만한 과제이다.

3) 미술사학자 이태호 교수는 쌍도정도가 고산이 성주목으로 부임하였던 때(1634~1635)와 연관이 큰 것으로 추정하고 있다(조선일보, 2005년 4월 22일자 참조).

물이 절묘하게 어우러진 곳에 입지하고 있으면서 지형지세와 자연요소를 예술적 감각으로 끌어들여 정원으로 조성하였다는 공통점을 갖고 있다. 그러면서도 그의 정원들은 좁은 산 계곡부(수정동)와 산 정상부(금쇄동), 그리고 섬(부용동) 등 다양한 입지 특성을 갖는다는 점도 유의할 만하다. 이러한 사실은 그가 땅을 읽는 데에 있어서 남다른 안목을 지니고 있었으며, 그렇게 찾아낸 자연을 상찬하고 순치順治하는 데에 탁월한 심미적 감각을 구사하였음을 의미한다. 실제 그의 정원을 자세히 들여다보노라면 이론적 근거로서의 과학과 감각적 기예로서의 예술이 하나로 통합된 현장이라 하기에 부족함이 없다는 사실을 쉽게 깨닫게 된다.

셋째, 고산은 정원을 만드는 데에 그친 것이 아니라 그것들을 이용하고 즐기는 데에 있어서도 남다른 취향과 태도를 보였다. 그는 아름다운 산수 간에 찾아 들어가 자신의 솜씨로 정원을 조성해 놓는 데에 그치지 않고 그 속에서 시, 음악, 무용, 그림 등 다양한 예술적 활동을 펼쳐 즐김으로써 정원의 효용을 배가시키고 심미적 감흥을 심화시켰다. 여기에는 그의 남다른 자연애호 성정과 예술적 자질이 밑바탕이 되었음은 물론이다. 국문가사와 한문시를 비롯한 그의 수많은 문학적 성취들은 대개 이들 정원 속의 삶을 토대로 하여 창작된 산물이다. 그 점에서 윤고산 원림은 문화예술이 생산되고 소비되는 현장이었다고 할 만하다. 춤과 노래, 그리고 연주와 행위 예술이 함께 펼쳐지고, 빼어난 시문학으로 이어진 보길도 세연

그림12. 금쇄동 산성. 둘레 약 1.5km에 이르는 현산고성은 문소동에서 '불과 1리도 안 되는' 거리에 있는 분지형의 산 정상부를 둘러싸고 있는 성이다. 고산은 꿈에 금궤를 보고 난 직후에 이곳을 발견하여 금쇄동이라 이름 짓고 성안 옛 터에다 거처와 정원을 조영하였다.

그림13. 전남 강진군의 덕정동 추원당. 비록 최근 전면적인 개보수로 예전 모습을 많이 잃어 버렸지만 진입부에 조성되어있는 연못과 정자목 등에서 옛 정취를 짐작해 볼 수는 있다. 사진은 대문에서 진입부 어귀 연못 쪽으로 되돌아 본 모습

정은 그 대표적 현장이다.

고산의 정원과 관련하여 오늘날 유구나 기록에서 흔적을 찾을 수 있는 곳은 선조 대대로 살아온 해남의 연동(옛 이름은 백련동白蓮洞)을 중심으로 한 수정동, 문소동, 금쇄동과 보길도 부용동 등이다. 중앙 정계에 간헐적으로 참여하였던 중년 이후에 그가 자주 왕래하였던 양주 고산의 별서인 명월정明月亭과 해민료解悶寮, 유배지 함경도 삼수에서 조영하였던 자득와自得窩와 독경재篤敬齋, 그리고 성주목 재임시절 그가 조영하였을 것으로 추정되는 성주 쌍도정 정원 등도 현존하지는 않으나 중요한 정원이었을 것이다. 또한 고산이 63세 때에 직접 건립했다고 하는 덕정동 추원당(강진군 도암면 덕정동 소재)에서도 입지 형국이나 연못 등에서 고산의 정원가로서의 면모를 엿볼 수가 있다.

이외에도 생가인 연화방(현 연지동 대학로 인근)과 제비집 형국의 길지로 알려진 명례방(현 명동성당 옆) 양부댁, 효종이 지어준 수원의 집, 함경도 경원과 경상도 기장(1차 유배지), 경북 영덕(2차 유배)과 함경도 삼수 및 전라도 광양의 백운산(3차 유배) 등이 고산 일생 중간 중간의 주요 거처이나, 현재로서는 정원과 관련된 유구를 찾아보기가 어려운 실정이다. 문헌의 기록으로나 실제 남아있는 유구로 알 수 있는 사실은 고산의 원림들이 모두 당시 국부國富로까지 일컬어졌던 집안의 재력을 바탕으로 하고, 자신의 탁월한 풍수가적 안목과 탐미적 자연애에 입각하여 빼어난 자연경승을 찾아 조영한 곳이라는 점이다. 유가儒家로서 자신의 신념을 좇다가 자초한 유배와 고난의 현실에서 그가 찾아낸 유일한 탈출구였던 자연[4]은 선비로서의 정신적 풍류생활을 위해 창의적인 조형사고로 빚어낸 곳들이다. 그가 단순히 산수에 파묻혀 은둔하는 형태를 취하지 않고, 자연경물에 나름의 이름을 붙이면서 못을 파고 축대를 쌓아 집을 짓는 등 원림을 조영하는 적극적인 공간조영행위를 가한 것은 그의 풍부했던 자연애의 취향이 예술적 심미안과 결부된 결과일 것이다.

---

4) 당시 조선사회에서 귀거래(歸去來)는 선비들의 의당한 풍조이자 염원이었다. 특히 세상에 나가 자신의 뜻을 펼치지 못한 채 수난과 번민을 겪고 있었던 고산이 자연을 택한 것은 그러한 처지와 자신의 병, 그리고 자연애호의 기호 외에 자신의 신념이 작용하였음을 다음과 같은 그의 말에서 짐작해 볼 수 있다.

"눈물을 머금고 애끓어질 때에는 다시 언덕을 넘고, 골을 찾고, 물가에 쉬고, 멀리를 살피고, 손을 어루만지고, 대에 기대고, 고기를 보고, 백구를 희롱하여 망회(忘懷)할 뿐이다. 그리하여 고인(古人)이 산에 들고 바다에 든 자가 무심의 사람이 아님을 알 수 있다. 무릇 때를 만나지 못하고, 시세(時世)를 상탄(傷嘆)하여 불예(不豫)의 색(色)과 일울(壹鬱)의 회(懷)를 없앨 수 없을 진댄, 그 세념(世念)을 산수의 낙에 부쳐서 소견(消遣)할 수 있는 것이 아닌가." 〈答人書丁丑〉(최진원, 1988: 106~7에서 재인용)

"주부자(朱夫子)의 운곡(雲谷)과 이자현(李資玄)의 청평(淸平)과 최고운(崔孤雲)의 가야(伽倻)를 따르겠다." (보길도에 들어가는 자신의 심정을 표현하며) 〈상정판서규서(上鄭判書規書)〉(최진원, 앞의 책, p.104에서 재인용)

"동서남북에 갈 데가 없는 즉〔갈 데라고는〕 하해(河海)뿐이고 산림이다. 옛 사람이 말한바 천하가 혼일(混一)한 때의 선비의 처신은 조정이 아니면 산림이라는 말은 곧 이것이 아니겠는가. 공자는 도(道)가 있으면 드러나고(見) 도가 없으면 은(隱)한다고 말하였으니, 그 은(隱)은 갈 데가 없는 것을 이름이 아니겠는가." 〈답인서정축(答人書丁丑)〉(최진원, 앞의 책, p.104에서 재인용) (〔〕은 필자)

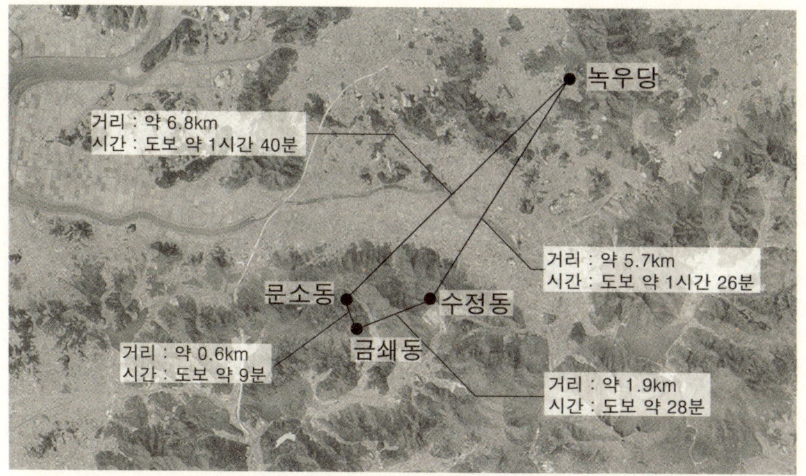


그림14. 해남의 녹우당과 윤고산 원림(문소동, 수정동, 금쇄동) 위치 및 거리(직선거리임)(자료: 성종상, 앞의 책에서 수정 보완)

## 고산 윤선도의 원림 생활

고산이 원림을 조영하고 은거생활에 본격적으로 들어간 것은 두 번째 유배에서 풀려난 직후부터였다.[5] 첫 번째 유배는 임금과 나라를 위해 그 자신이 각오하고 감행하였던 상소가 유배라는 최악의 결과로 이어졌지만 명분과 신념에서 떳떳하였기에 감내할 수 있었을 것이다. 그에 반해, 두 번째는 병자호란을 당하여 왕을 구하려고 강화도까지 갔다가 왕을 배알하지도 않고 돌아온 것 등을 죄목으로[6]

5) 고산은 평생 3번 도합 18년에 걸쳐 유배를 당하였다. 첫 번째는 그의 나이 30세이던 해인 광해군 때에 조정의 불의를 분연히 고발한 병진소로 인해 함경도 경원과 경남 기장에서 8년에 걸쳐서 긴 유배 생활을 겪었다. 두 번째는 병자호란 직후 1년 여 동안 경북 영덕으로 유배된 인조 때의 일이고, 세 번째는 자신의 각별한 제자였던 효종이 죽은 뒤 묘 자리와 상례로 인해 휘말린 이른바 예송(禮訟)으로 칠순이 넘은 노년에 함경도 삼수와 전남 광양에서 겪은 8년간의 유배이다. 이 중에서 두 번째 유배를 마치고 돌아온 직후에 고산은 해남 연동의 본가를 장남에게 맡기고, 인근 산 속으로 들어가 수정동 원림을 조영하며 지내게 된다. 그렇게 해서 세상과 거리를 둔 채 본격적으로 산중생활을 시작한 것은 그의 나이 53세이던 1639년부터였다.

당한 유배이어서 고산으로서는 억울하기만 한 것이었다. 그 후 1년여의 유배에서 풀려나 집으로 돌아오는 길에 그가 특별히 사랑했던 서자가 죽었다는 비보를 접하게 된다. 총명하여 특별히 아끼던 둘째 아들 의미를 3년 전에 이미 잃고 난 터여서 그의 슬픔은 배가되었을 것이다.[7] 더군다나 그때 그는 이미 53세로, 마흔이 훨씬 넘어 시작한 벼슬길마저 짧게 끝나버린 이후였다. 긴 역경 끝에 맛본 벼슬길도 자신의 뜻과는 여의치 않게 짧게 끝난 터에, 그 위에 덮쳐 온 일련의 큰 슬픔은 그로 하여금 세속사에 더 이상 연연해하지 않도록 하기에 충분하였을 것이다. 두 번째 유배에서 돌아오자마자 집안일을 큰 아들에게 맡기고 수정동으로 들어가 원림생활을 시작한 데에는 그와 같은 일련의 고난과 아픔이 작용하였던 것이다.

### 수정동水晶洞 원림

해남 현산면 구시리 계곡에 위치한 수정동은 작은 산곡부에 위치한 거대한 노두암과 계류가 연출하는 비경을 아름다운 정원으로 탈바꿈 시킨 곳이다. 작은 계곡 상부에 장방형의 연못을 파 물을 모았다가 거대한 바위절벽 위로 흘려 폭포로 연출한 다음 아래 쪽 하지에 다시 모으는 구조이다. 원래부터 있던 바위와 계곡이라는 지형을 활용하여 물을 다채롭게 연출하고 있는, 바위와 물 중심의 정원이다. 산과 계곡에 인위를 가하여 정원을 구축하는 일은 병자호란 직후 보길도 격자봉

---

6) 병자호란 때 해남에 있었던 고산은 향족을 규합하여 선단을 이끌고 왕을 구하고자 강화도로 갔다. 그러나 이미 강화도가 함락 당하였고 왕은 영남으로 향하고 있다는 소문을 듣자 다시 남쪽으로 배를 돌렸다. 고산이 다시 해남 가까이 왔을 때 남한산성에서 저항하던 인조가 청태종에게 항복하였다는 소식을 듣게 된다. 후에 조정에서는 그가 강화도까지 왔다가 왕에게 문안하지 않은 채 되돌아갔고, 피난 중이던 처녀를 잡아 섬에 들어가 살고 있다고 하여 탄핵하게 된다. 그의 두 번째 유배는 이 탄핵이 빌미가 되어 내려진 것이어서 그는 자신의 억울한 심정을 토로하는 글을 올려 호소하기도 하였다. 결국 조정에서는 천리 바닷길을 달려 왕을 구하고자 한 그의 충정이 가상하다 하여 비교적 짧은 유배형을 내리게 된다.

7) 이때 지은 「도미아(悼尾兒)」와 「견회(遣懷)」라는 장편 한시에는 당시 그의 비통한 마음이 애절하게 잘 드러나 있다.

8) 고산이 보길도를 찾아내어 원림을 경영한 것은 병자호란이 끝나는 시점인 1637년 2월, 그의 나이 51세 때의 일이다.

아래에 낙서재를 짓고 은거하면서 이미 경험해 본 터[8]였다. 보길도가 고산의 호방한 기상이 마음껏 펼쳐진 곳이라면 수정동은 그만의 섬세한 감각을 미려하게 살려낸 현장이다. 좁은 계곡을 느닷없이 가로막는 거대한 암벽과, 그 위아래에 계류를 막아 조성한 상지와 하지, 그리고 요처에 석축으로 쌓아 조성한 인소정人笑亭 등은 수정동 원림의 핵심이다. 특히 비 온 뒤 높이 8미터 정도의 암벽水晶巖에서 흘러내리는 하얀 폭포수는 웅장한 물소리와 하얀 포말로 고산을 담박에 매료시켰을 것이다. 실제로 그의 시에서 이를 '우레 같은 소리와 비단 같은 주렴水晶簾' 이라며 칭송하고 있다. 달 밝은 밤이면 고산은 수정바위 바로 아래 요석암瑤石巖이라

산수간 바회아래 뛰집을 짓노라 ᄒᆞ니
그 모른 놈들은 욷는다 ᄒᆞᆫ다마ᄂᆞᆫ
어리고 햐암의 뜻의ᄂᆞᆫ 내 분인가 ᄒᆞ노라
「산중신곡」 '만흥漫興' 제1수

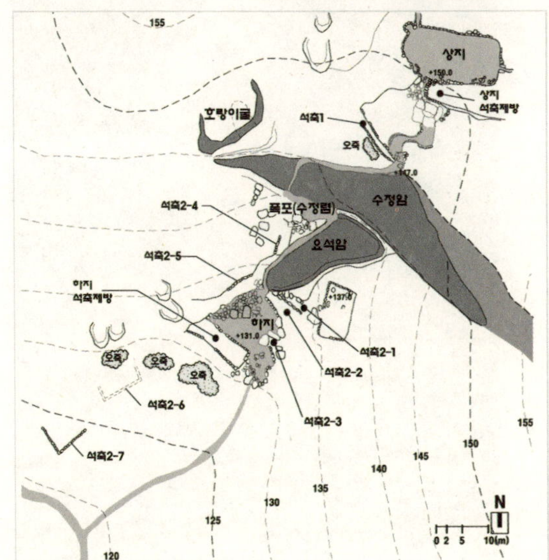


그림15.
수정동 원림 유구 현황도(자료: 김진성 외(1999), 한국건축문화연구소(1999), 해남문화연구원(1996a), 성종상(2003)의 도면을 참고하고 현장에서 GPS 측량으로 수정 보완하였음)

그림16. 수정암의 곡류수 시작 부분. 상지에서 흘러내린 물이 수정암을 만나면서 크게 휘어져서 곡류를 이루었다가 수 미터 아래로 곧장 떨어진다.

그림17. 수정동 요석암 암반 위를 흐르는 계곡수

이름 지은 바위에 앉아 수정암 위로 떠오르는 달을 감상하며 시상에 잠기곤 하였던 것이다.

학계에서는 이 시조의 초장에 나오는 '뛰집' 은 바로 고산이 53세 때 지은 수정동 계곡의 인소정이라 보고 있다(해남군, 1999). 현장에는 수정암과 하지 중간 지점 동편에 인소정 터로 추정되는 석축과 그 위의 초석이 지금도 남아있고, 상하지와 함께 주변의 크고 작

그림18. 수정동 하지 상부 석축주변 스케치(상) 및 추정 단면도(하)

그림19. 수정동 원림 인소정 터로 추정되는 석축. 지금도 일부 초석이 남아 있어 당시 건물의 위치와 규모를 짐작할 수 있다.

그림20. 수정동 인소정터(사진 우측)와 수정암(정면) 전경

그림21. 수정암 위 곡수로 시작부

그림22. 수정렴은 수정암 위로 흐르는 폭포를 수정으로 만든 주렴에 비유하여 붙인 이름이다. 지금도 비가 많이 온 직후에는 약 8미터 높이 수정암 위에서 쏟아지는 폭포수가 우레 같은 소리와 함께 장관을 연출한다.

그림23. 평상시에도 암반을 타고 내리는 물줄기가 마치 구슬처럼 아름답게 떨어진다.

은 석축과 제방, 그리고 그 사이로 난 오죽烏竹 등이 수정동 원림의 옛 자취를 어렴풋이나마 짐작케 해준다.

### 금쇄동金鎖洞 원림

수정동에서 불과 오리도 안 떨어진 금쇄동은 뜻밖에도 산 정상부에 위치하고 있다. 금쇄동 정원의 주영역은 산정상부에 위치하지만 원림은 정상부에만 한정되어 있지 않다. 왜구를 막던 산성 내 옛 집터 등을 활용하여 연못과 집을 앉혀 거처를 정하고는, 아래 쪽 계곡부에서부터 정상으로 오르는 노선을 따라 위치한 경물을 찾아 이름을 짓고 의미를 부여하고 있다. 자신의 정원 영역을 계곡부에서부터 주변 산 속으로까지 한껏 확장시켜 놓은 것이다. 산꼭대기라는 공간적 위치도 인간 세상과의 거리를 유지하도록 해주는 유리한 입지이다. 고산은 금쇄동을 처음 발견하고 그처럼 빼어난 곳을 하늘이 자신에게 내려 주었다고 감읍해 한다. 스스로 삼광三光이 조림한 승지[9]라고 평가한 그곳에다 원림을 조영하면서 온전히 소유함으로써 장소의 완전성을 자신의 이념적 경지와 등치시킨다. 아무도 알아보지 못한 곳을 자신만이 알아내어 경영하는 데에서 맛보는 자기만족과 자부심은 실로 대단하다. 이 같은 자족의 기쁨에서 오는 감회를 토로한 유사 구도는 당대에 창작된 다른 많은 가사에서도 확인할 수 있다.[10]

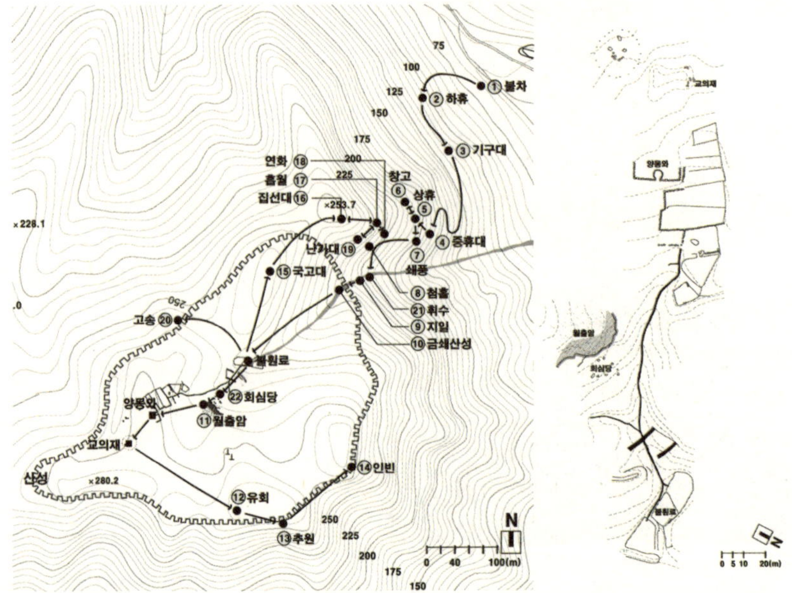


그림24. 금쇄동 원림유적 배치도면(좌). 부분 상세도면 GPS로 수정 보완(우)(성종상(2003)에서 재인용, 자료: 김진성 외(1999), 해남문화원(1996a), 한국건축연구소(1999)의 도면을 참조하고, 현장에서 GPS측량으로 확인하여 수정 보완함)

'귀신이 다듬고 하늘이 감춰온 이곳, 그 누가 알라 선경인줄을,

깎아지르나니 신선론이요, 에워 두르나니 산과 바다로다.

뛰는 토끼, 나는 가마귀 산봉우리 넘나들고

올라와보니 전날 밤의 꿈과 같음을 알겠구나.

옥황상제께서 무슨 공으로 내게 석궤石櫃를 주시는 고'

「초득금쇄작初得金鎖作」11)

---

9) 삼광이란 삼신(三辰)이라고도 하며 해, 달, 그리고 별을 말한다. 별은 특별히 북두칠성을 가리킨다. 풍수에서는 삼광이 밝게 비치는 곳을 길지로 간주한다.

10) 박연호와 김용철이 그 예로 든 가사는 다음과 같다.

"천고(千古)애 황폐지(荒廢地)를 아모도 모ᄅᆞ더니/ 일조(一朝)애 진면목을 내 호온자 아란노라. 「지수정가」
노계(蘆溪) 깁흔 골ᄋᆡ 힝혀 마참 차ᄌᆞ오니/ 제일강산(第一江山)이 님지 업시 ᄇᆞ려ᄂᆞ다/ 고래금래(古來今來)예 유인 고산은 『금쇄동기』에서 금쇄동의 모습을 다음과 같이 묘사하고 있다.

"금쇄동은 문소동 동쪽의 제일 높은 산 위에 있다. 심히 높아서 해와 달을 가까이 하고 바람과 비를 내려다 볼만한 곳이다. 금쇄동의 하늘은 환하게 밝으면서 붉은 기운이 그윽하고 산수의 경치는 그윽하면서 아름답다. 산의 후면은 점차 험해지다 위에는 심하게 험하지 않고, 멀고 깊어서 사람의 흔적이 거의 없다." (해남군, 1999: 58에서 재인용)

『금쇄동기』에는 금쇄동을 오르는 산길을 따라 만나게 되는 주요 바위와 경물마다 고산은 독특한 이름을 붙여 장소를 구분해 놓았다. 계곡 아래 점로店路에서부

그림25. 휘수정과 지일 주변 추정 스케치(성종상(2003)에서 재인용 후 일부 수정 보완)

---

처사들이 만히도 잇건마ᄂᆞᆫ/천견지비(天堅地秘)ᄒᆞ야 ᄂᆞ를 주랴 남겨ᄯᅥᆺ다 「노계가」

갑 업슨 풍월과 임지 업슨 강산을/ 조물(造物)이 허사(許賜)ᄒᆞ여 날을 맛겨 ᄇᆞ리시니 「매호별곡」

아마도 이 강산은 거린 고디 바히 업서/ 몃 ᄒᆡ롤 무주ᄒᆞ야 내 손의 도라오니/ 하놀이 주신 쟉가 인력으로 어들소냐 「일민가」

박연호, "장르론적 측면에서 본 17세기 강호가사의 추이", 『조선중기 시가와 자연』, p.381

11) 경진년(고산 54세). '금제석궤' 를 얻는 꿈을 꾼 이후에 금쇄동을 발견하게 됨을 기뻐하며 지은 시.

터 금쇄동으로 오르는 길은 인간세계에서 신선의 세계로 가는 경로로 상징화되어 있다. 산길을 점점 오르며 계곡 아래, 곧 인간세상에서부터 멀어지면서 신선의 세계로 점점 가까워지다가 몇 개의 관문을 통과한 산성 내부는 신선들의 영역으로 표상되어 있다. 금쇄동에서 신선과 관련된 의미로 명명된 장소들이 모두 산꼭대기에 집중되어 있는 것[12]은 바로 그 때문이다.

그림26. 금쇄동 휘수정 위 폭포. 휘수정 바로 위에 높이 6미터에 달하는 천연암벽에서 떨어지는 폭포는 휘수정의 운치를 더할 뿐만 아니라 선계로서의 분위기를 연출해주는 환경조절장치이기도 하다. 요즘은 수량 부족으로 연중 거의 말라있을 때가 많다.

『고산연보』와 『금쇄동기』에는 휘수정揮手亭 지역의 탈속적 지경에 대한 고산의 소회가 잘 드러나 있다.

"내가 작은 정자를 병풍屛風의 아래 평암의 위에 지으려 함은 겨울비와 폭설에도 낭패를 면할 수 있으며, 꽃피는 아침과 달뜨는 밤에 마음 따라 거닐다 보면 저절로 나의 수석水石의 낙樂을 얻을 수 있고, 이로 인하여 시인 묵객들이 노니는 휴식처가 된다면, 이 또한 하나의 큰 기이한 일이다. 인간세상으로부터 찾아오는 자가 이곳에 이른다면 이미 지경地境이 고요하여 정신의 상쾌함을 깨닫고, 문득 세상을 떠날 뜻이 있을 것이므로 휘수揮手라 이름 지었다."

---

12) 금쇄동에서 신선과 연관되거나 그와 유사한 의미를 지닌 장소는 난가대, 집선대, 흡월, 연화, 월출암 등으로 모두 산정상부 산성 안에 위치하고 있다.

13) 수년 전까지 금쇄동 입구 계곡에 살았던 고 윤재준 씨에 따르면 산정상부에는 물이 풍부해서 1980년대까지 논농사와 수박농사를 지었다고 한다.(2002년 11월 인터뷰)

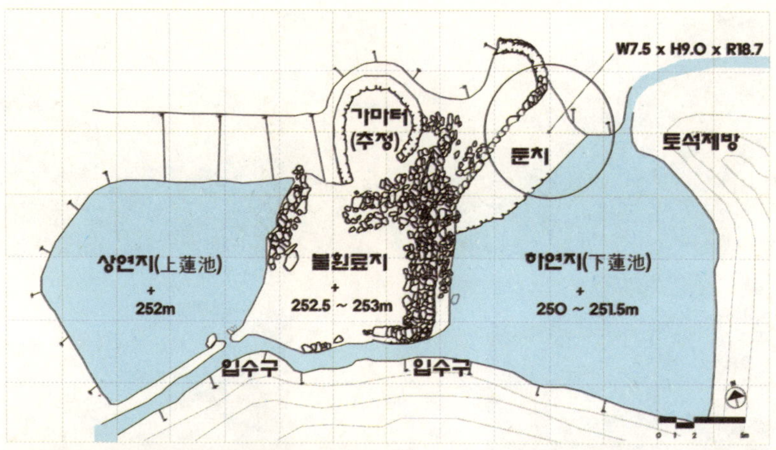


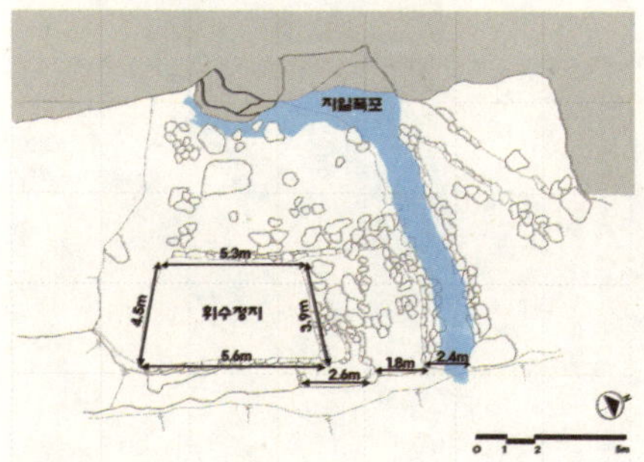


△ 그림27. 불훤료 주변 배치도(해남군(1999) 도면자료를 토대로 현장 실측 후 수정)
◁ 그림28. 휘수정 도면(해남군 자료(1999)를 토대로 현장 실측 후 재작성함)
▽ 그림29. 금쇄동 입면구조

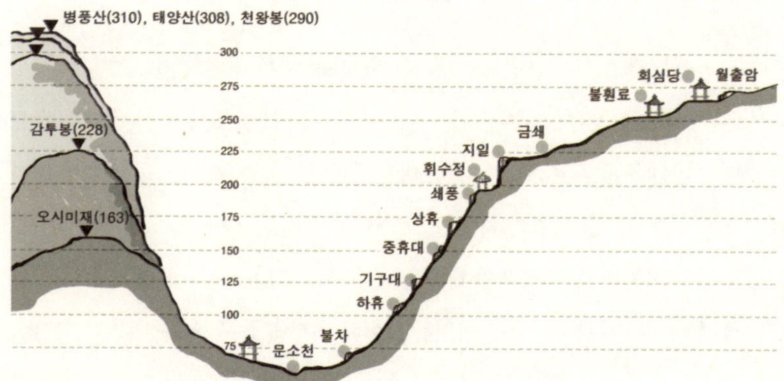

그림30. 금쇄동 원림. 시계방향으로 인빈, 안개에 감싸인 금쇄동, 원경의 금쇄동, 휘수정과 지일, 집선대, 지일의 폭포

금쇄동 원림의 주요 활동영역은 산 정상부인 산성 내부에 위치한다. 그 중에서도 고산의 주거처였을 것으로 추정되는 곳은 불훤료로, 지일을 통해 산성 안으로 오르는 길목 아래쪽에 위치하고 있다. 근래에 다른 용도로 사용되는 등 변형이 많이 일어나기는 했지만,[13] 상지와 하지를 끼고 있는 불훤료의 특별한 공간 배치는 지금도 확인이 가능하다. 산꼭대기에서 물이 지닌 중요성을 감안하면 불훤료는 사실상 금쇄동 원림 생활의 주거점이었을 것이라 추정해 볼 수 있다. 그러나 고산이 금쇄동 원림에서 내심 중시하였던 곳은 불훤료에서 불과 50여 미터 남짓한 거리

그림31. 폭포 상단부에 남아있는 인공으로 물길을 다듬은 흔적

에 위치한 회심당會心堂이었던 것으로 판단된다. 유난히 눈에 띄는 커다란 반석을 찾아내어 월출암이라 이름 짓고는 바로 아래에다 마련한 것이 회심당이다. 산성으로 둘러싸인 분지형 산정상부의 거의 중앙부에 해당하는 지점으로 고산은 이 곳을 "십대十臺의 원경遠境과 일정一亭의 천석泉石 가운데" 있으며, "온화하고 평온하여 병을 요양할 수 있게" 해주며, 궁극적으로는 "유세독립遺世獨立하여 우화등선羽化登仙하는 뜻이 있게 해" 주는 곳이라 칭송하고 있다. 뿐만 아니라 그 곳은 부자군신父子君臣의 윤리나 옛 성현과 임금의 은혜도 되살리게 해주는 곳이다. 공간 지리적 차원에서 중심부라는 장소적 속성을 자신이 지향하는 초월적 경지이면서 규범적 요처로 등치시키고 있는 현장인 것이다.

### 문소동聞瀟洞 원림

고산이 해남 일대에 만든 정원 중 문소동은 현재 정확한 모습을 추정할 수 없다. 고산연보에는 53세 때 수정동, 문소동에 거처를 마련하였다고 기록되어 있는 것으로 볼 때 수정동과 비슷한 시기에 마련하였던 것으로 보인다. 또한 『금쇄동기』

그림32. 문소동 부근의 영묘당과 영묘당 앞 샘물

에 의하면 금쇄동과 불과 1리도 안 되는 거리에 위치하고 있다고 되어있고, 매일 오갔다고 노래하고 있는 걸 보면 가까운 거리에 조성한 금쇄동, 수정동과 문소동 3개 정원을 자주 오가며 동시에 이용했음을 알 수 있다. 세 원림의 입지적 특성상 문소동은 수정동이나 금쇄동보다는 일상생활을 위한 기능이 더 강했을 것으로 추정해 볼 수 있다. 그것은 산꼭대기에 위치한 금쇄동이나 산 계곡 속에 깊이 들어가 있는 수정동에 비해 문소동의 위치가 상대적으로 일상적인 접근이 훨씬 더 용이하다는 점에 근거한 것이다. 실제로 문소동이 있었던 곳으로 추정되는 지점은 당시 주요 통행로였던 무심재로 이어지는 길목으로, 점로店路가 위치하고

---

14) 현재 문소동 위치 추정에 대해서는 대략 두 가지 정도의 견해가 있다. 해남 향토사학자 이병삼은 문소동 터를 금쇄동 생활에 필요한 물자를 조달하던 윤씨 제각 일대로 추정하고 있다. 이곳은 경사지에 ㄷ자 형태의 영묘당이라고 하는 제각이 위치하고 있는데 수년 전 해남군에서 건물을 복원한 상태이다. 노거수가 남아있는 제각 아래쪽에는 작은 샘이 있는데 지금도 물이 고여 있다. 또한 일각에서는 무심재를 넘어오다가 문소천과 만나는 곳의 건물지를 문소동 원림 위치라 추정하기도 한다. 이곳은 비교적 평탄한 지형으로서 건물터 외에도 1980년대까지 논농사와 새우 양식장이 운영되었을 만큼 사람의 발길에 쉽게 노출되었던 곳이다.

있던 근처여서 사람과 물자의 통행이 빈번했던 곳이다.[14] 따라서 수정동과 금쇄동 원림이 산수 속에서의 탈일상적 삶에 더 치중하였다면, 문소동은 일상적 생활 공간과의 상호관련성을 유지하는 곳으로서의 성격이 더 강했을 것이라는 추정도 가능하다. 문소동 원림의 위치 비정에 대해서는 추후 연구과제로 남아 있다.

## 부용동芙蓉洞 원림

보길도 부용동은 바다 한 가운데 위치한 섬을 찾아내어 섬 전체 형국을 읽어 내고는 핵심 요처에다 연못을 파고 정자를 앉힘으로써 섬 전체를 자신의 정원으로 조영한 곳이다. 공간적 스케일에 있어서 개인이 만든 정원으로는 한국 조경사에 유

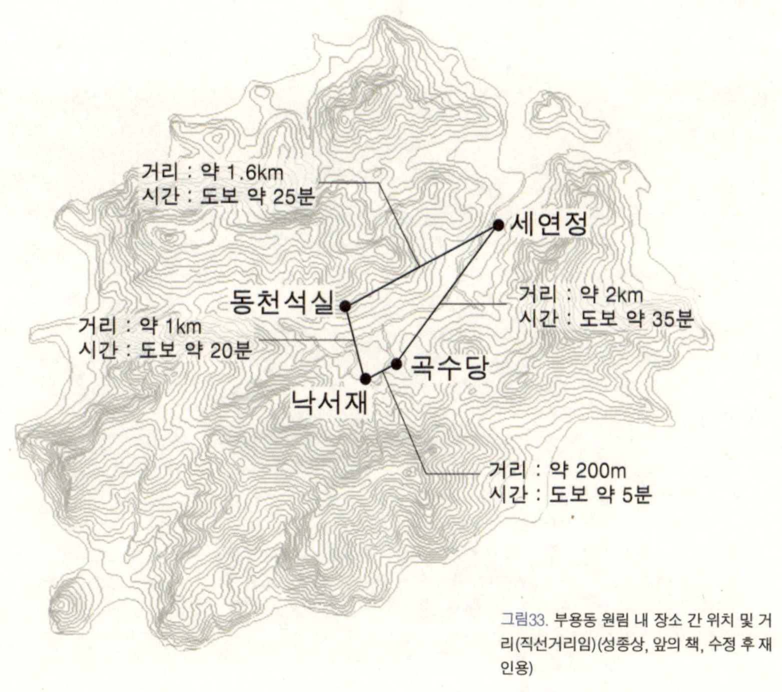


그림33. 부용동 원림 내 장소 간 위치 및 거리(직선거리임)(성종상, 앞의 책, 수정 후 재인용)

래가 없을 만큼 보길도 부용동 정원은 광대하다. 사실 보길도에서의 삶은 처음부터 고산이 의도한 바는 아니었다. 그의 나이 51세 때에 호란으로 나라가 청나라에 항복하게 되자 제주도로 가 은거할 결심을 하고 항해하던 중 풍랑을 만나 우연히 머물게 된 곳이 보길도였다. 헌데 잠시 머물려 했던 그곳의 산수가 예사롭지 않은 것을 발견하고, 부용동이라 이름 짓고 정착하면서 보길도에서의 삶이 시작된 것이다. 처음에는 작은 초막을 지었다가 곧 잡목을 베어 낙서재樂書齋를 지었고, 이후 자신의 전 생애에 걸쳐 점진적으로 건물과 정원을 증축하여 완성해 나갔다.[15] 하지만 그렇게 찾아낸 보길도의 정원은 이후 생애 마지막을 그곳에서 맞이할 만큼 고산의 삶에 중요한 거점이 되었다.[16]

주침소 낙서재가 일상적인 공간이라면 최고의 기교가 구사된 세연정洗然亭은 예술적 인간 윤고산이 자연 속에서 자유로운 삶을 꿈꾸던 탈속적 공간이라 할 수 있다. 포구로 향하는 길목에 위치하여 상대적으로 쉽게 노출되는 세연정은 비교적

---

15) 고산은 보길도에 들어간 이후 초기에는 초막을 짓고 살다가 잡목으로 3칸 규모 낙서재를 지어 주 거처로 삼고 생활하였다. 낙서재 남측에 외침(外寢)을 짓고 그 사이에 동서로 움집을 구축하였다. 늘 외침에서 거처하면서 세상을 등지고 산다는 뜻을 담아 무민(無憫)이라는 편액을 달았다. 골짜기 건너편으로는 산봉우리들이 한 눈에 들어오고 섬돌 아래에는 조그마한 연못이 있어 아름다움을 더하였다. 이후 고산은 해남 현산에 수정동/문소동/금쇄동 세 정원을 차례로 지어 본격적인 원림생활을 시작한다. 그러다가 보길도에 세연정을 증축하고 석실, 회수당, 무민당, 정성당 등을 완성하여 정원의 꼴을 제대로 갖추게 된 것은 그의 나이 67세 때의 일이다. 그 후 81세 때에는 무민당 동측 시냇가에 곡수당을 지어 부용동 원림을 완성하였다.

16) 고산이 평생 거처로 삼았던 곳은 서울 연화방(생가)과 명륜동(양가), 그리고 해남 윤씨 본가인 해남 연동, 자신이 찾아내어 조영한 별서격인 수정동/문소동/금쇄동, 보길도 부용동 등이다. 이 중에서 연동에서 지낸 기간(약 6년 7개월) 보다도 더 오래 머물렀던 곳은 유배지 전체 기간 약 18년여를 제외하고도 여러 곳이다. 즉, 서울에서 약 39년 6개월, 보길도에서 약 12년 8개월, 수정동/문소동/금쇄동에서 약 9년 4개월 등이다. 그러나 이 중에서 서울에서의 삶은 태어난 이래 첫 번째 유배를 당하는 30세까지 지낸 것과 인조반정 직후 그의 일생에서 정치적 전성기라 할 시기에 약 6년여를 지낸 것 이외에는 벼슬길 등을 오가며 짬짬이 머물렀을 뿐이다. 이에 반해 그의 생애에 황금기라 할 수 있는 51세 이후 2, 3차 유배 기간을 제외하면 거의 전 기간을 보길도와 수정동/문소동/금쇄동에서 살았다. 서울이 출생이후 유 · 소년기를 거쳐 청년기까지의 삶을 이어나간 곳이라면 보길도와 해남의 원림들은 장년 이후 자신의 자유의지로 찾아내어 삶의 터로 정한 곳들이다. 이를 통해 봐도 보길도와 수정동/문소동/금쇄동에서 정원을 조영하며 살았던 삶이 고산 전 생애에 얼마나 중요한가를 쉽게 짐작해 볼 수 있다.

그림34. 세연정

그림35. 세연지 주변◁

그림36. 세연지의 판석보▷

그림37. 동천석실

많은 사람들이 함께할 수 있는 곳이다. 부용동 내에 조성된 고산의 원림 유적 중에서는 가장 개방도가 큰 곳이라고 할 수 있다. 작은 계류에 한껏 기교를 발휘하여 꾸민 그곳에서 고산은 찾아온 손님이나 가족 등과 함께 마음껏 예술적 끼와 흥취를 표출하며 즐겼던 것이다.

그에 반해 동천석실洞天石室은 이름 그대로 신선들이 사는 선계이다. 그가 부용동 제일의 경승지라고 즐겨 찾아 지냈던 것처럼 별세계 보길도의 선경인 셈이다. 부용동 내 세연정이 상대적으로 다양한 요소와 기술을 동원하여 한껏 풍류의 흥취를 취하는 곳이라면, 산 중턱에 있어 쉽게 갈 수 없는 동천석실은 일상을 벗어난 그만의 세계로 의도된 곳이라 할 수 있다.

낙서재 바로 앞 개울가에 위치한 곡수당曲水堂 지역은 이들 공간과는 분위기가 사뭇 다르다. 자신의 주거처와는 불과 200여 미터도 안 떨어져 있어 세연정이나 동천석실과는 달리 일상적인 영역 내에 들어와 있는 셈이다. 보길도 내에서 낭음계 등 다른 곳보다 자연 환경상 아름다움에서는 뛰어나지 못하더라도 주거처 앞쪽

그림38. 곡수당지의 복원현황사진

그림39. 곡수당지

아래 개울가라는 입지상의 이점이 돋보이는 곳이다. 개울을 따라 좌우측에 조성된 상지와 하지 연지는 아담한 크기에 모양도 단정한 사각형이다. 뿐만 아니라 비구飛溝와 은통隱筒을 사용하여 개울에서 상지로 물을 끌어 들여오거나 화목이 있는 동산에 물을 주었고, 개울을 건너는 다리도 세 개나 두었으며, 현지산 판석을 사용하여 돌로만 된 정자石亭를 설치하는 등 부용동의 여러 정원영역 중에서 가장 전형적인 정원의 모습을 갖춘 곳이다.

### 녹우당綠雨堂과 연동蓮洞마을 영역

해남 윤씨의 종가인 연동 녹우당에서 고산의 자취가 남아있는 원림의 흔적은 의

그림40. 잡초를 뽑아 숲을 무성하게 해준다는 뜻의 현판 운업(芸業)은 신록을 더욱 생기 있게 해주는 녹우(綠雨)라는 당호와 함께 해남 윤씨가의 정신을 잘 드러내 준다.

외로 적다. 비록 그곳이 생가가 아니고, 그가 노년 이후부터는 앞서 말한 여러 정원들을 오가며 지내느라 떠나 있었다는 점을 감안하더라도 녹우당 정원의 현재 면모는 한국 최고의 정원가 윤고산과는 어울리지 않는 듯하다. 그 자신이 짧지 않은 기간 동안 살았었고, 해남 윤씨 집안을 대표하는 종가로서의 위상 등을 감안해 보면 지금의 녹우당 정원 모습과는 달라야만 하지 않은가? 이런 의문에 대한 정확한 대답을 구하기는 쉽지 않겠지만 두어 가지 가정으로 가까운 답을 짐작해 볼 수 있다.

첫 번째 가정은 원래 녹우당 내에 정원이 있었을 것이라는 추정이다. 그런데 이 추정은 별당 앞에 정원이 있었다는 녹우당 종손의 증언으로 사실임이 판명되었다. 종손 윤형식(당년 77세)의 기억에 의하면 지금부터 60여 년 전까지만 해도 별당채 앞에 연못이 있었고, 그 주변에 화목과 초화류가 심겨져 있었다고 한다. 현재

그림41. 녹우당 별당 터. 지금부터 60여년 전에만 해도 이곳에는 아담한 연못이 있었다고 한다. 지금은 거목이 된 동백나무, 비자나무, 느티나무 등의 조경수가 뒤 안의 죽림과 함께 숲처럼 어우러져 있어서 옛 정원의 모습을 어렵게나마 짐작할 수 있을 뿐이다.

는 터만 남아있는 별당 주변에는 비자나무, 느티나무, 동백나무 등의 거목이 일부 남아있어 당시 정원의 일면이나마 짐작하게 해준다. 그것이 고산이 직접 만들었는지 여부는 알 수 없지만 적어도 예전의 녹우당이 지금과는 달리 제대로 된 정원을 구비하고 있었다는 사실은 확인할 수 있는 것이다.

녹우당 정원에 관한 두 번째 가정은, 고산이 연동 마을 전체공간을 일종의 정원영역으로 간주하였을 것이라는 추정이다. 고산이 연동의 종가를 물려받은 시점은 부모가 다 돌아가시고 1차 유배에서 풀려난 37세 이후 즈음이었을 것으로 추정된다. 그 때는 이미 4대조 윤효정(1476~1543)이 연동에 정착하여 해남 윤씨 가문을 일으킨 이래 120여년이 지난 시점으로서 녹우당은 종가로서의 기본 꼴을 갖추고 있었으되 연동마을 전체는 완전히 형성되지 않았을 것으로 짐작된다. 그러므로 고산은 특유의 감각으로 마을 전체의 경관 구조를 구축하려 했을 것이라 추정해 볼

그림42. 연동 백련지

그림43. 연동마을 전경(사진제공: 정윤섭). 백련지의 현재 모습은 근래에 와서 복원된 것으로 연못의 호안선과 방도의 크기와 위치, 그리고 특히 연지 주변부의 상황이 예전의 모습과 사뭇 다르다. 백련은 불과 몇 년 전에 고산의 14대손 윤춘식이 복원시킨 것이다.

수 있다. 이 경우 이미 연동마을이 구비하고 있던 양호한 자연 환경 조건과 경관 요소들이 우선적으로 고려되었을 것이다. 덕음산의 산세와 숲, 그리고 바위 등과 녹우당 양측으로 흘러내리는 두 개의 작은 계류(현재 추원당 앞 계류와 녹우당 남측을 흐르는 청룡계곡 개울)가 마을 경관을 이루는 큰 틀이었다면 송림과 말무덤, 연지와 섬, 그리고 그 안의 정자(초정), 그리고 지금은 사라진 다정과 차밭 등은 보다 작은 장소를 이루는 요소들이었을 것이다. 이렇게 보자면 연동마을을 하나의 커다란 정원으로 간주해도 크게 무리가 없다. 상대적으로 좁은 녹우당 부지 내에서 보다는 연동마을과 주변 자연 속으로까지 정원을 확장시킨 것이라 할 수 있는 것이다. 이 점은 좁은 울타리를 넘어 대자연 속으로까지 확장시켰던 부용동이나 금쇄동의 호방한 구도와 비교해 봐도 일맥상통한다. 실제로 마을입구 연지에 백련을 심어 가꾸고 섬 가운데 방도 안에는 초정을 지어 그 안에서 책을 읽곤 하였다고 하니 적어도 고산이 이들을 정원 영역으로 간주하였으리라 판단하여도 무방할 것이다. 결국 정원 영역이 녹우당 주택의 물리적 경계를 넘어 마을 전체영역으로 확장되어 있었다고도 할 수 있는 것이다.

### 양주 고산별서孤山別墅

양주 왕산탄王山灘에는 고산이 생부로부터 물려 받은 전답과 집, 노비 등이 있었다.[17] 당시 왕산탄 지역은 한양에서 30여리 떨어진 곳으로 지금의 남양주시 수석동 왕숙천변이다. 이 지역은 왕숙천이 한강과 합류하는 지점으로 우뚝 솟은 봉우리가 있어 예로부터 경기 근방의 명승지로 알려져 있었던 곳이었다. 소현세자와 봉림대군 두 왕자의 사부로 재임 중이던 45세 때에 고산은 친구 장자호, 이자용 등과 함께 배를 타고 한강을 거슬러 올라 이곳 수석동에서 3일간 유람하고 돌아가기도 하였다. 72세 때에는 손수 작은 초사草舍 해민료解悶寮를 명월정 앞에 지었다. 고산이 이곳에 머문 것은 자신이 가르쳤던 효종의 부름을 받고 한양으로 오르내릴 때와 효종 승하 직후의 짧은 기간이다. 그런데도 고산에게 각별한 의미를 갖는 이유는 그가 66세 이후 이곳에 머물면서 당시 지형에서 연유된 지명 고산孤山을 자신의 호로 사용하였다는 점이다. 두 강과 굽이치며 만나는 독산은 평상시에

17) 고산은 26세 때 생부 윤유심이 작고하기 전날 토지와 건물, 그리고 이곳 독음(당시 지명)에 사는 여종을 상속받았다. 2년 후에는 독포(禿浦)에 있는 정자와 전답을 매입하였다. 그 후 고산의 병진소로 관찰사에서 물러나게 된 양부 윤유기는 그곳에서 여생을 보내게 된다. 유배기간 동안에 지은 한시 「곡수대(曲水臺)」 3수, 「대월사친(對月思親)」 등에는 이곳을 그리워한 고산의 심정이 잘 드러나 있다. 이곳에 관한 이름으로 사료에는 고산촌사(孤山村舍), 고산별서(孤山別墅), 고산별업(孤山別業), 고산구업(孤山舊業), 소옥(小屋), 초사(草舍), 폐려(弊廬), 고원(故園) 등으로 표기되고 있다.

는 절경을 이루는 요소이지만, 큰 비가 와 물이 넘쳐 주변이 잠기게 될 때는 홀로 우뚝 솟아서 특별한 존재로 부각되었을 것이다.[18] 그런 점 때문에 고산은 그 곳의 독산 이름을 자신의 호로 취할 만큼 각별히 대하였던 것으로 판단된다.

---

18) 고산의 정치적 처지와 비견되는 이 같은 정경은 곧 그대로 고산의 심사로 이어져서 그의 나이 73세 때 쓴 시에 고스란히 잘 드러나 있다.

「孤山獨不降」(『고산유고』 권1; 윤주현 외(2003: 186)에서 재인용)

滄浪便作青溟闊　　큰 물이 일어 푸른 바다처럼 넓어져
莫辯長郊與大江　　너른 들판과 큰 강을 분간조차 할 수 없네
底事玆山不埋沒　　어인 일로 이 산만 잠기지 않는고
千岡萬阜忽騈降　　천만의 언덕배기들은 홀연히 나아가 항복했는데.

그림44. 남양주 수석동의 명월정 터로 추정되는 자리 및 고산촌. 현재는 왕숙천도 직강화 되어 버렸고, 명월정이 있었을 것으로 추정되는 한강 부근에는 음식촌이 즐비하게 자리하여 당시의 운치를 짐작조차 하기 어렵다.

△ 그림45. 겸재 정선의 삼주삼산각(三洲三山閣). 고산 보다 약 80여년 뒤에 활동한 겸재 정선(1676~1759)이 그린 그림에는 명월정과 해민료로 추정되는 건물이 보인다. 고산이 그랬던 것처럼, 겸재도 동호라고 불린 이곳을 찾아와 뱃놀이를 즐기면서 맛본 감흥을 그림으로 그려 당시의 풍경과 서사를 오늘날 우리에게까지 전해주고 있다.

◁ 그림46. (순서대로) 1872년 양주목 지방지도. 1918년 조선총독부 발행지도. 1992년 지도. 1918년 지도에서는 수석동 산을 따라 왕숙천과 한강이 굽이치며 합류되는 모습을 확인할 수 있다. 근래에 들어 하천 정비사업으로 이 지역의 하천경관이 급격한 변화를 보이고 있다. 왕숙천은 직강화로 인한 수로의 단순화가 진행되었고, 한강은 강폭의 확장이 눈에 띈다.

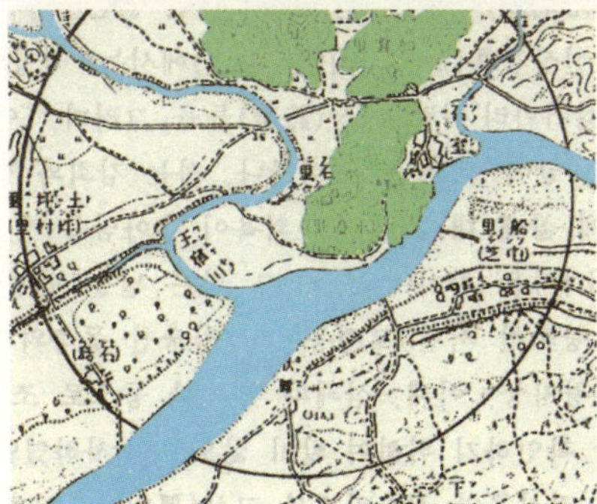

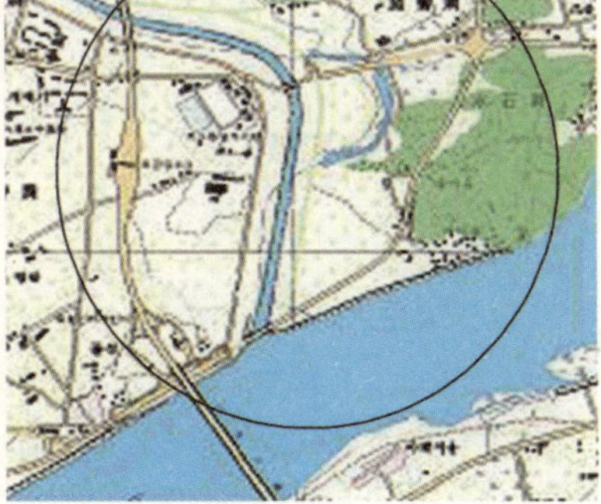

# 4

# 고산 윤선도 원림 읽기

고산 원림에 달성된 핵심적인 가치로는 예술적 체험과 생태미학, 두 가지를 꼽을 수 있다. 예술적 체험이 그의 미적 감각을 통해 창조된 것이라면, 생태미학은 그의 창의적 사고와 실증 과학적 지식이 원림 속에서 자연과 접하면서 자연스럽게 구현된 것이다. 이를 바탕으로, 본고에서는 지향세계와 생태미학이라는 두 가지 키워드를 바탕으로 고산 윤선도 원림 읽기를 시도해 보고자 한다. 전자가 자연 속에 정원을 조영하면서 꿈꾸었던 바라면, 후자는 정원 속에 실제 구현되었던 결과로서의 가치이다. 즉, 지향세계 고찰이 원림에서 고산이 꿈꾸었던 정신적 세계에 대한 더듬이질이라면, 생태미학 고찰은 고산 원림에 대한 과학적 · 심미적 해석 작업이다.

윤고산 원림에 대한 해석 작업은 지향 세계와 달성된 가치라는, 일견 유사한 듯하지만 다른 두 가지 차원으로 나누어 고찰해 볼 수 있다. 전자는 원림 조영이라는 합목적적 행위를 통해 고산이 의도적으로 추구한 세계가 무엇이었을까? 라는 물음에 대한 답으로서, 원림 조영의 의도나 구체적인 목적으로 대치될 수 있는 내용이다. 그것은 고산이 원림생활에서 끊임없이 추구했던 것들이나 근본적으로 완전하게 충족되기는 어려운 꿈이다. 이에 반해 후자는 이루어낸 결과물로서의 가치이다. 평생 동안 산수 간을 찾아다니며 뛰어난 안목으로 적지를 찾아내어 원림을 조영한 고산이 이루어낸 것은 무엇일까? 고산 원림에서 달성된 가치는 고산 당대에 그가 누리고 향유한 것일 수도 있고, 그 자신은 인식하지 못했더라도 결과로서 구현되었던 그 무엇일 수도 있다. 결국 달성된 가치는 지향 세계의 산물인 셈이다. 필자는 고산 원림에 달성된 핵심적인 가치로서 예술적 체험과 생태미학,

두 가지를 들고자 한다. 예술적 체험이 그의 미적 감각을 통해 창조되어진 것이라면, 생태미학은 그의 창의적 사고와 실증 과학적 지식이 원림 속에서 자연과 접하면서 자연스럽게 구현된 것이다.

여기서는 지향세계와 생태미학이라는 두 가지 키워드로 고산 윤선도 원림 읽기를 시도해 보고자 한다. 전자가 자연 속에 정원을 조영하면서 꿈꾸었던 바라면, 후자는 정원 속에 구현되었던 결과로서의 가치이다.[1] 지향세계 고찰이 원림에서 고산이 꿈꾸었던 정신적 세계에 대한 더듬이질이라면, 생태미학 고찰은 고산 원림에 대한 과학적 · 심미적 해석 작업이다.

## 지향세계

고산은 전생애에 걸쳐 머문 곳마다 정원을 만들고 즐겼다. 그것은 그의 자연애호가 남달랐음을 입증해주는 것이기도 하면서 다른 한편으로는 그가 굳이 정원을 원했던 어떤 연유가 있었음을 짐작케 해준다. 그의 삶의 족적으로 비추어 볼 때 정원에서 꾼 고산의 꿈은 기본적으로 인간세계에서 멀어지고자 하는 바람이라고 할 수 있다. 달리 말하자면, 고산 원림은 인간세상에서의 세속적 욕망을 넘어선

---

1) 여기서 분명히 할 것은 고산이 원림 조영으로 지향한 세계가 본고에서 말하는 탈속이나 자연과의 일체화, 그리고 선계로의 상승이 전부라고는 말할 수 없다는 점이다. 고산의 원림 생활에서도 연군(戀君)이라든가 우국(憂國), 충효, 우의 등 인간적 도의가 여전히 유효했던 것은 사실이다. 하지만, 그것은 어디까지나 유자로서 최소한의 도리를 견지하고자 했던 일상의 연장선이었던 것으로 간주된다. 중요한 것은 버젓한 집을 버리고 굳이 자연 속으로 들어가 정원을 가꾸며 살고자 한 고산의 진의가 어디에 있었겠는가라는 점이다. 그것은 인간세상을 떠나 자연 속에서 구하고자 한 그 무엇이 고산 마음속에 강하게 작용하고 있었음을 짐작케 한다. 필자는 이 점에 주목하여 고산 원림의 지향세계를 정리해보고자 할 뿐이다. 아울러 고산이 원림 조영을 통해 누린 결과로서의 가치나 효용 역시 생태적인 것이나 예술적 체험 이외에 정신적 · 심리적 차원에서의 고양효과도 당연히 있었을 것이다. 위에 말한 지향세계도 보기에 따라서는 결과로서의 효용가치로 해석될 수 있는 것이기도 하다. 여기서 지향세계와 생태미학 두 가지로 고산 원림 읽기를 시도한 것은 순전히 필자의 관심과 시선 탓이다.

그림47. 녹우당 뒤 덕음산에 있는 천연기념물 비자림. 500살이 넘었지만 여전히 강건하고 힘찬 수세가 독특한 분위기를 준다.

이상 세계를 자연 속에 구축하고자 한 현장이라고 볼 수가 있는 것이다. 인간세상과 멀리 떨어진 자연 속 원림에서 고산은 멀어진 공간적 거리 이상 인간세상으로부터 벗어나고자 하는 탈속을 꿈꾸었다. 대체로 탈속으로의 꿈은 그 정도와 내용에서 세 가지 다른 차원으로 묶어 정리해 볼 수 있다.

그 첫째는 탈속의 추구이다. 그것은 자신의 뜻이 통하지 않는 세상에 대한 자연스러운 귀납으로서의 태도이다. 지난한 인간세상에서 벗어나고자 하는 탈속 지향성의 배경으로 우리는 대체로 두 가지 정도를 짐작해 볼 수 있다. 하나는 당시 세상과의 만남이 만족스럽지 못하였다는 것이고, 다른 하나는 그의 삶에서 참기 어려운 역경이 있었으리라는 점이다. 서른 살 약관의 나이에 의연히 올린 병진소로부터 시작된 권력층과의 투쟁은 그 자신을 불의와 타협하지 않는 꼿꼿한 선비로 자리매김한 계기가 되었지만, 다른 한편으로는 평생을 벼슬길과 멀어지게 한 출발점이기도 하였다. 자신의 뜻을 굽히지 않는 대신에 그는 세상으로부터 멀어지는 쪽을 택하였던 것이다. 그가 세상을 멀리하게 된 또 다른 사유는 개인적인 아픔을 들 수 있다. 연동 본가를 장남에게 맡기고 수정동으로 들어가 본격적으로 원림생활을 시작하기 직전에 그는 커다란 슬픔을 연이어 당하게 된다. 이념과 일상 공히 힘들기만 한 현실 세계에서 벗어나 찾은 것은 산수와의 거짓 없는 만남이었다. 정치적 좌절로 점철된 고산에게 산수는 삶의 애환과 상처를 달래주는 강력한 위안처인 셈이었다.

고산 원림에서 추구된 두 번째 가치는 자연과의 합일이다. 인간세상을 떠나 찾아들어간 산수 자연 속에서 찾아낸 질서와 원리에서 규범적 의미를 찾아내고, 그것을 자신의 삶 속으로 투영시켜 체득하고 실천함으로써 자연과 일체화되는 합일의 기쁨을 누리고자 한 것이다. 당시 대부분의 선비들이 몸은 진세塵世에 둔 채 마음으로만 자연을 희구하는 소극적이고 관념적인 수준에 머물렀음에 반해, 고산은 직접 산수 간의 절승絶勝을 찾아내고, 그 속에다 자신의 거처를 마련하여 살면서 정자를 짓고 물을 가두어 연못을 만드는 등 조원행위를 하면서(성종상, 앞의 책: 89) 그 속에서 자연과의 만남을 도모하는 적극적인 태도를 취하였다. 도학자연한 선비들의 삶에서 한 걸음 더 나아가 그 가치를 자연 속에까지 확장시킨 실천적 삶을 추구하였다는 점에서 훨씬 적극적이고 의도적이라고 할 수 있다. 그것은 자연 속에 온몸을 완전히 몰입시킨다는 점에서 일종의 참여 미학으로 간주할 수 있으며, 그 같은 현장 속의 체험을 바탕으로 생산된 그의 시문은 현장예술이라 할만하다. 자신이 찾아내어 가꾼 자연 속 원림(수정동, 문소동, 금쇄동, 부용동 등)에서의 삶이 자연의 운행질서와 어긋나지 않음을 스스로 확인하면서, 자연과의 일체화된 삶의 기쁨을 고산은 한시와 가사로 노래하였던 것이다.

고산이 원림에서 꾼 세 번째 꿈은 선계仙界로의 지향이다. 신선들이 사는 선계는 인간이 감히 들어갈 수 없는 세계이다. 세속적 욕망으로 자유로워지기를 바란 조선의 선비들이 하릴없이 꿈꾼 초월의 경지이다. 대체로 현실이 팍팍할수록 선계는 더욱 갈급의 대상으로 대두된다. 그러나 선계는 갈 수 없는 나라다. 갈 수 없는 그곳으로의 유력한 통로는 상상이나 꿈이다. 정원에서 그것은 마음속에 그린 정원, 곧 의원意園으로 나타났다. 의원이 선비들이 꿈꾸던 세계로서의 정원을 상상으로 펼쳐낸 것이라면, 원림은 산수자연 속에다 펼쳐놓은 이상적인 경지로서의 실체이다. 대다수의 사대부들이 상상의 몸짓에 불과한 의원에 머물러 있었음에 반해 고산은 홀연히 산수 간을 찾아가 온몸으로 자연 속 정원생활을 즐긴 것이다. 인간세상을 떨치고 떠나온 마당에 고산이 꾼 꿈은 보다 초연한 세계로의 비상이었음직하다. 그것은 선계로의 비상이었다. 윤고산 원림에서 선계는 대체로 인간세에 대한 대항적 구도로 표현된다. 인간세계에 대한 반대항으로서의 선계는 고산 원림에서 찾을 수 있는 대표적인 상상력의 세계이다.

결국 고산이 지향했던 세계는 인간세를 떠나 자연과 일체가 되거나 아예 선계로 상승하는 것이었다고 볼 수 있다. 인간세상을 떠나는 탈속과 인간으로서의 욕망과 유한성을 벗어버린 초월이 고산이 꿈꾼 세계인 셈이다. 여기서는 고산 원림의 지향세계로서 초월적 탈속의 경지를 좀 더 구체적으로 다루어 보고자 한다. 초월적 탈속의 경지는 상징적 은유를 통한 관념화와 구체적인 공간구도의 설정, 그리고 초월적 세계로 연출하기 위한 매개의 활용 등 다양한 방식을 함께 구사함으로써 효과적으로 구현되고 있다.

### 상징적 관념화를 통한 초월

그림48. 금쇄동 휘수정터에서 본 바로 앞 능선의 모습. 고산은 이 능선에 있는 바위들에 집선대, 흡월, 연화, 난가대 등의 이름을 붙여 신선의 영역으로 간주하였다.

고산 원림에서 초월을 위한 상징 기제로서 상징적 관념화는 탈인간세를 상징하는 이름짓기로 나타났다. 이름에는 대상의 속성이 담기기 마련이다. 따라서 사물에 이름을 붙이기 위해서는 우선적으로 그 대상에 대해 알아야 한다. 대상의 본질과 속성을 알아내어야 대상을 정확하게 드러낼 수 있는 이름짓기가 가능하게 된다. 자연물상에 대한 심층적인 이해는 기본 전제로 요구된다. 자신이 찾아낸 산수 간의 자연경물을 찾아내어 이름을 붙인 것은 고산이 자연경

그림49. 입구 불차를 거쳐 금쇄동으로 오르면서 반복적으로 되돌아보게 되는 계곡 아래 모습은 산을 오를수록 점점 멀어지면서 인간세를 떠나 선계가 가까워짐을 실감하게 된다.

물들에 대해 잘 알고 있었음을 의미한다. 이 경우 고산이 지닌 자연에 대한 남다른 관심과 애호 성정이 밑바탕에 깔려있음은 물론이다.

그의 정신세계를 반영시킨 보길도의 지명들이 신선세계의 이미지로 부각된 이상적 삶의 회원의 현장이며 명명화命名化(문영오, 앞의 책: 407~408)라는 사실은 그 좋은 사례이다. 그의 한시에서도 봉래蓬萊, 군선群仙, 백옥루白玉樓, 석실石室 등 도교적 색채가 짙은 용어와 함께, 도선적 삶을 희구하면서 노래한 것을 곳곳에서 발견할 수 있다. 수정동에서는 수정암과 그 아래의 넓은 반석인 요석암을 중심으로한 공간이 선계를 체험하는 주무대이다. 이때 수정암에서 떨어지는 폭포, 수정렴은 그러한 선계를 실감나게 해주는 공감각적인 장치로 작용한다. 여름밤 교교하게 비치는 달빛 아래에서 달을 쳐다보며 즐기는 적막한 심사에, 옆에서 떨어지는 폭포수의 물안개와 소리는 세상사를 벗어난 신선의 경지로 몰입할 수 있도록 해주는 유효적절한 효과장치인 것이다. 금쇄동의 난가대, 집선대, 흡월은 신선들의 활동영역이며 월출암은 월궁에 있는 항아를 만나는 장소이다.

### 초월적 탈속의 공간구도

정원 입지 장소 찾기 : 고산이 만든 정원은 대개가 마을에서 떨어진 산 속에 위치하고 있다. 일상적인 인간세상에서부터 벗어나 있는 것이다. 탈속을 위한 일종의 거리두기인 셈이다. 현재 남아있는 유적으로 볼 때 고산이 만든 정원의 입지는 유별나다. 산 속의 계곡부(수정동, 문소동의 경우)가 있는가 하면 산 정상부(금쇄동의 경우)를 찾아내기도 하고, 아예 바다 한가운데 있는 섬(부용동의 경우)에다가 조영하기도 하였다. 대체로 이들 장소는 산수가 절승하여 조물주의 조화를 실감하고, 그의 존재를 재확인하여 주는 듯한 곳들이다. 맑은 물과 잘 생긴 바위는 각 장소의 빼어난 경치를 이루는 필수 구성요소로서 중시되었다. 그러나 그렇게 찾아낸 곳에 만든 정원에서 인위는 극히 절제되어 구사되었다. 기왕에 산수가 빼어난 곳을 골라서 최소의 인위만을 가함으로써 속세의 체취가 최대한 배제된 탈속의 경지를 연출하고자 한 것은 차라리 당연하였을 것이다. 부용동 원림이 보길도 전역에서 주요 경관 요처만을 골라 집약된 작은 정원들을 만듦으로써 섬 전체를 커다란 열린 정원화한 것이나, 계곡 아래서부터 산꼭대기 정원으로 오르는 경로까지도 자신의 정원 영역 속으로 끌고 들어간 금쇄동 원림은 그 같은 사고의 산물일 것이다. 결국 고산은 마을에서 떨어진 산수 간에 위치하되, 물과 바위가 엮어내는 경치가 빼어난 곳을 자신의 정원으로 삼았던 것이다. 그리고 그 정원은 단순히 정원 내뿐만 아니라 주변 대자연으로까지 확장되는 장대한 스케일이되 정작 손을 대는 부위는 최소한으로 그침으로써 자신이 애써 찾아낸 신비로운 경지를 최대한 훼손하지 않고 극적으로 활용하는 방식을 택하였다고 요약해 볼 수가 있다.

공간적 거리두기 : 고산 원림에서 초월적 탈속의 지향은 일차적으로 인간세상과 일정한 거리를 둔 곳으로 찾아 들어가는 것에서부터 시작된다. 세속적 일상사로부터 벗어나기 위해서는 그것들로부터 거리를 두고 떨어져 있는 것이 가장 쉽고 효과적인 방법일 것이다. 고산이 2차 유배에서 돌아오자마자 해남 연동 종가를 아들에게 맡기고 인근 산 속 수정동으로 들어간 것은 바로 그런 연유이었을 것이다. 이후 다시 종가로 복귀하는 대신에 문소동, 금쇄동으로 찾아 들어간 것은 탈속 의지가 더욱 깊어져 간 탓이었을 것이다. 그가 장년 이후 대부분의 시간을 보낸 산 계곡(수정동, 문소동)이나 산 정상부(금쇄동), 그리고 바다 한 가운데 섬(보길도)은 모두 그 같은 인간세상과 공간적 거리가 확보된 곳들이다.

그림50. 억새와 동천석실

초월적 탈속의 경지를 지향하기 위한 고산의 노력은 정원을 산 속이나 섬 등 통상적인 인계人界에서 떨어진 곳에다 마련하는 것에 그치지 않았다. 산이나 섬 등 원림의 입지가 공간적인 거리두기의 산물이라면 보다 감각적인 거리두기는 정원 내 특정 장소에서 구사

그림51. 동천석실 앞 차를 마시던 다조바위. 지금도 바위 위에 움푹 파인 다조의 흔적을 확인할 수 있다.

되었다. 지형적으로 높은 곳을 선택하는 것은 가장 쉽고도 효과적인 해결책 중의 하나일 것이다. 인간이 신체적으로 도달하기 어렵기도 하면서 일단 오르고 나서 보면 인간세를 저 멀리 발아래 두는 상징적 구도가 쉽게 성립된다. 높다란 암벽과 그 중간의 좁다란 대臺는 그와 같은 공간구도가 압축된 곳으로 고산이 즐겨 찾았던 곳이다. 주위의 기암괴석이 펼쳐내는 절경 역시 그곳이 이미 범상한 곳이 아님을 스스로 확인시켜 주기에 중요한 요소로 간주된다. 일상과는 다른 절경을 보면서 조물주의 조화로운 경지를 실감하게 되고, 그 안에 들어와 있음으로써 자신도 그와 동등하거나 유사한 존재가 된 듯한 착각에 빠져들 수가 있는 것이다. 고산 원림에서 탈속적 경지를 상징하는 감각적 거리두기의 대표적인 현장으로는 부용동 동천석실과 금쇄동 휘수정을 들 수 있다. 주거처인 낙서재 맞은 편 산 중턱에 위치한 동천석실은 높다란 바위 절벽 위에 조성된 부용동 원림의 핵심 공간 중 하나이다. 크고 작은 바위들이 한데 어울려 범상치 않은 경관을 연출하고 있는 가운데, 가장 극적인 요처에 해당되는 절벽 위에 작은 정자를 짓고 주변 바위들마다 은유 가득한 이름을 부여하며 상상의 세계를 꿈꾸었던 곳이다. 절벽 밑의 연못 —

그림52. 동천석실에서 내려다 본 전경. 주봉 격자봉이 뻗어내려 온 요처에 마련한 자신의 거처, 낙서재와 그 앞 조산, 그리고 부용들 전체가 한눈에 들어온다.

석천石泉, 석담石潭을 눈 아래 두고 즐기면서, 멀리 산 아래로는 자신의 일상생활 공간을 내려다보는 구도이다. 산 아래 마을까지의 거리만큼이나 이미 인간세상과는 멀어져 있는 그곳에서 고산은 바위 위에 마련한 다조茶竈에 앉아 느긋이 차를 즐기면서 자신만의 별세계, 곧 선경을 즐겼을 것이다. 발아래 바위틈에 모아둔 물에 때때로 비춰지는 하늘과 구름을 보노라면 자신은 구름 위 높이 떠 올라와 있음을 새삼 재확인하면서 스스로 신선이 된 듯한 상상 속으로 빠져들곤 하였을 것이다.

산 정상부의 금쇄동 내부 원림으로 오르는 도중에 있는 휘수정은 커다란 암벽이 병풍처럼 가로막고 서있는 절벽 중간 좁은 암반 위에 위치하고 있다. 위아래가 모두 아스라한 절벽이라 쉽게 접근하기 어려우니 예사롭지 않은 곳이다. 주변으로는 단애와 취벽이 압도적인, 그야말로 비경 중에 비경인 곳이다. "아래서 올려다보면 위로 솟은 바위가 뾰족한 산봉우리 같고, 저녁놀이 서린 첩첩한 산봉우리 같

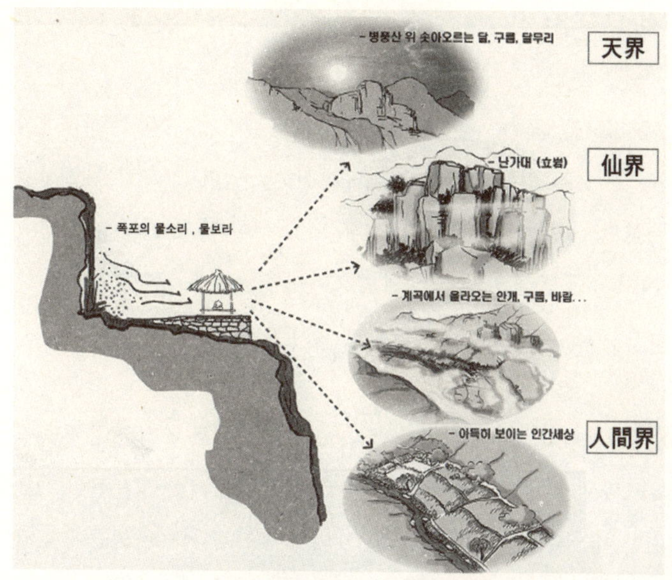


그림53. 휘수정의 공간 개념. 인간세계로부터 벗어나 마침내 선계 금쇄동으로 들어왔음을 확인하는 마지막 관문지점이다(성종상(2003)에서 재인용).

아서 그 안에 골짜기가 있는지 짐작하지 못할 지경" 이라고 『금쇄동기』에서 묘사한 금쇄동에서도 가장 극적인 경관을 감상할 수 있는 곳이다. 그곳은 자신의 일상 삶의 장으로서 인위가 많이 가해진 금쇄동 내 다른 곳보다 특별히 신비스럽기까지 한 곳이어서, 고산은 마치 조물주가 자신을 위해 준비해 준 듯한 선경이라고 탄복하였다. 그것은 선인들이 술을 마시는 흡월吸月이나 바둑을 두는 난가대爛柯臺, 그리고 여럿이 모여 강도講道의 장을 열었음직한 집선대集仙臺 등 그가 찾아내어 명명한 신선들의 세계가 바로 눈앞 작은 봉우리 위 가까이에 있음을 확인하면 더욱 실감할 수 있다. 그뿐인가? 계곡 건너 병풍산 위로는 해와 달이 구름과 달무리와 함께 떠오른다. 천계가 바로 머리 위 가까이에 있는 것이다. 이들 온갖 신묘한 자연과 초월의 경지를 맛보는 시선 어디에도 인공은 일체 거치적거리지 않는다. 과히 이 정도면 인간을 떠나 선계에 들어와 있음을 실감하기에 충분하지 않은가? 이러하니 고산은 금쇄동을 발견한 기쁨에 겨워 지은 『금쇄동기金鎖洞記』에서 "조물주가 신비로운 지경을 숨겨서 (만든) 무릉도원과 같은 별천지"이면서 "하늘에서 신선이 내려와 사는 선경"임에 틀림이 없다고 확신하고 있다. 그리하여 그 선경을 찾아내고 즐김으로써 마침내 그 자신도 덩달아 신선이 된 듯 한껏 고양된다. 심상 체험의 알레고리를 통해 몸은 이 땅에 있으되 마음은 이미 선계에 다다라 있는 것이다.

초월을 위한 상징적 무대의 설정 - 절벽과 반석 : 고산이 선계로 상정한 곳에 빠지지 않고 등장하는 바위 절벽과 반석은 상상의 세계로 비상하기 위한 든든한 기초이다. 초월을 위한 비상의 장소이자 촉매제인 것이다. 높다란 절벽은 공중에 높이 솟아 있으니, 내가 몸담고 있는 여기 이쪽이 아니라 저기 저 편이니 이미 선망의 대상이다. 쉽게 올려다 볼 수는 있으되 막상 오르기는 어렵다. 어렵기는 하나 일단 힘들여서 그 위로 올라가 앉으면 내가 떠나온 세상은 발아래 아득히 멀다. 이러한 구도는 금쇄동, 휘수정揮手亭에서 거의 그대로 재현되어 있다. 앞에서 이미 서술한 것처럼 휘수정은 산꼭대기에 위치한 금쇄동 원림을 오르는 도중에 위치하고 있다. 높이 12미터 정도의 커다란 암벽이 병풍처럼 가로막고 서있는 절벽 중간에 좁은 암반이 있는데, 고산은 그 위에 석축을 쌓아 작은 정자를 짓고는 휘수

2) 휘수정에서 맛볼 수 있는 이 같은 감회는 고산 자신이 『금쇄동기』에서 토로한 다음과 같은 글에서 확인할 수 있다. "아래로부터 이곳에 이르면 벌써 금쇄동 골짜기의 아득함을 느끼게 되고, 정신과 시선이 상쾌하고 깨끗해지면서 갑자기 세속을 사절하고픈 뜻이 있는 까닭에 나는 이곳을 휘수정이라 이름 붙이려 한다. 그런즉 이 당(堂)은 진실로 능히 나로 하여금 표표히 세상을 버리고 독립케하며 우화등선(羽化登仙)하는 뜻을 가지게 한다." 『고산유고(孤山遺稿)』 卷五 하 27~28장(문영오(2001), 『고산문학상론』, 태학사, p.568에서 재인용)

그림54. 옆에서 본 수정암(좌)과 수정암 위에서 하지 쪽으로 본 이른 봄의 산 속 정취(우). 수정암은 수직적으로는 폭포를 연출하는 절벽이지만 상부는 넓은 반석으로 되어 있어 좁은 계곡에서 천계와 조우할 수 있는 상상의 무대이기도 하다.

정이라 이름 지었다. 허공을 떠받치고 있는 암벽 중간 틈에 놓인 정자에 앉아 있노라면 아스라한 절벽 아래로 사람들이 개미같이 보인다. 고산은 문소동 계곡 점로店路에서부터 불차不差를 거쳐서 금쇄동을 힘들게 오르다가 이곳에 앉아 이마에 흐른 땀을 상쾌한 바람으로 식히면서 세속의 온갖 번뇌를 함께 씻어 버렸을 듯하다.[2] 인간세상을 향해 손을 흔들어 작별을 고하면서 다가올 선계로 들어갈 마음의 준비를 하는 것이다. 부용동 동천석실의 바위 절벽이나 금쇄동의 인빈, 그리고 수정동 수정암[3] 등은 모두 유사한 구도로 해석이 가능한 장소이다.

---

3) 수정암의 단애를 고산은 이렇게 묘사하고 있다. "높은 절벽이 마치 옥루(玉樓)가 허공에 떠 있는 것 같다."(高崖如玉樓浮空). 『孤山遺稿』, 〈卷之一〉 47.

그림55. 인소정 터에서 본 수정암

이에 비해 땅 위에 넓게 펼쳐진 바위인 반석盤石은 주변 지면, 곧 인간의 일상적인 활동영역과는 구별되는 특별한 거점으로서의 의미를 지닌다. 분진으로 가득 찬 인간세의 진탕 위에 놓여진 징검다리인 것이다. 그 위에 올라 있음은 곧 진탕에서 벗어나 있는 것이나 진배없다. 그렇게 해서 넓은 바위는 인간세의 질기고 어지러운 인연을 떨쳐 버리고 훌훌 비상하기에 제격인 도약대로 탈바꿈하는 것이다. 수정동의 요석암이나 금쇄동의 월출암, 부용동 낙서재의 구암龜巖 등의 넓은 반석은 해와 달, 별이라는 천계天界와 직접적으로 조우하는 전형적인 장치이다(성종상, 2003: 148). 지면에서 돌출된 바위는 그 자체로 이미 주변부 곧, 인간세로부터 구별된다. 이미 이름에서부터 도교적 색채가 농후한 요석암은[4] 높이 10여 미터, 길이 100여

4) 요석암이라는 명칭은 도교적 색채를 지닌다. 요(瑤)란 옥(玉)을 말하는데, 예로부터 신선이 사는 아름다운 연못 곧, 요지(瑤池)나 그 신선이 사는 곳, 즉 요대(瑤臺)라는 말은 아름답고 신비한 선경을 묘사하는 의미로 사용되었다. 수정폭의 비단같은 물줄기가 떨어지는 아래 쪽 바위를 요석암이라 이름 짓고, 그곳에서 대표적인 선경(仙境)인 달을 감상하는 구도를 취한 것은 자신이 경영한 수정동 원림을 별세계로서 선계로 은유하고자 하였음을 의미한다.

그림56.
수정동 수정렴의 폭포

미터에 이르는 거대한 수정암 바로 아래에 비스듬히 놓여있는 넙적한 바위이다. 그 곳에 앉아 있노라면 몸은 비록 작은 계곡 속에 들어와 있지만 인간세상과는 멀리 떨어져 있는 것처럼 바깥세상과는 완전히 분리된 느낌을 받는다. 고산은 달 밝은 밤에 요석암 위에 앉아 수정렴 폭포소리를 들으면서 수정암 위로 떠오르는 달을 감상하곤 하였다. 달 밝은 밤에 홀로 그 위에 앉아 마음을 가다듬고 한결 가까워진 듯한 천상계를 바라보노라면 어느 사이엔가 자신의 몸은 표표히 선계로 비상하게 될 지도 모를 일이다. 이 같은 구도는 요석암 외에도 수정암 단애 위의 넓은 상단부나 낙서재 앞 마당가에 있었던 구암, 그리고 금쇄동 원림의 핵심 요처 중 하나인 월출암에서도 유사하게 적용된다.

초월을 위한 공감각적 장치 - 물, 폭포, 물보라, 구름, 안개 : 고산 원림에 연출된 장치는 비단 물리적 장치에 그치지 않는다. 동양정원에서 물이 갖는 의미는 다분히 정신적인 차원이 강조된다. 그 물을 정원 속에 도입함으로써 정원은 물질적 공간 이상의 차원으로 승화된다. 물의 효용은 이에 그치지 않는다. 물은 소리와 빛, 그리고 습기로 사람의 감각에 민감하게 조응한다. 고산 원림에서 물은 다양한 감각의 세계를 열어주는 매개물로 활용된다. 폭포 옆에 앉아 인간세상의 온갖 잡음을 떨쳐 버린 상태에서 내려다보는 시선에서 물보라나 안개, 그리고 구름은 이미 멀어진 인간세상을 더욱 아득하게 하여 주는 시지각적 거리감을 더하는 효과적인 연출요소가 되는 것이다. 금쇄동 휘수정의 높이 12미터에 이르는 암벽에서 떨어지는 폭포수는 차라리 너무 가까워서 물소리와 물보라가 더욱 극적으로 강조되어 지각된다. 물소리, 바람소리 등 특수 음향과 안개, 비, 물보라 등 시각효과에 둘러싸인 채 정자 휘수정에 앉아 있노라면 자신이 선계에 들어와 있음을 어렵지 않게 확인할 수 있다. 그것은 다음과 같은 몇 단계에 걸친 경관감상 장치와 의미상의 상징구도를 통해 가능하다. 우선 내가 떠나온 인간세는 계곡 아래로 아득히 멀다. 발아래 인간세를 내려다 볼  때 안개나 물보라 또는 구름은 나의 시야를 흐리게 하여 거리를 더욱 아득하게 만들고, 폭포소리는 개 짓는 소리나 닭 우는 소리[5]조차 더욱 아련하게 한다. 거기에다 안개비나 구름이 계곡에 짙게 깔리기라도 하면 그 공간적 지각거리는 더욱 강조된다.[6] 반면 눈앞에는 집선대集仙臺, 난가대爛柯擡 등 신선들의 영역이 펼쳐져 있고, 눈을 들면 맞은 편 산 위로는 해와 달이 여느 곳 보다 가까우니 자신은 이미 신선들이 사는 경지 어디쯤에 들어와 있는 셈인 것이다.

---

5) 조선조 시문에서 개 짓는 소리나 닭 우는 소리는 인간세를 상징하는 대표적인 대체물로 구사되어진다.

6) 실제로 고산은 이 같은 경지를 자신의 글에서 다음과 같이 토로하고 있다. "산점(山店)은 발 밑 반공(半空)의 아래에 있어 촌락의 모습과 닭과 개 짓는 소리가 연기와 안개 속에 아득하니, 인간세상의 모습을 생각하여 보니 이 몸이 초연함을 느끼게 되는구나." 『금쇄동기(金鎖洞記)』(박호배, 윤병진 국역, 일부 필자 수정)

위에서 언급한 휘수정과 유사한 장치와 효과를 수정동에서도 찾아 볼 수 있다. 수정동 원림의 요석암에서는 눈앞에 쏟아져 내리는 폭포수가 정원 감상의 중요한 매개가 된다. 바위 위에서 떨어지는 물줄기가 마치 비단 주렴 같아서 수정렴水晶簾이라고 이름 지은 폭포수는 세상의 온갖 소음을 깨끗이 지우면서 자신을 잊고 상상의 세계로 몰입하도록 해준다. 그렇게 요석암에 앉아 달빛에 부서지는 물줄기를 지긋이 바라보면서 우레 같은 물소리에 빠져들다 보면 어느 순간 자신의 몸은 비단주렴을 들치고 신선의 나라로 들어가 있다.

초월적 선계 연출장치의 구축 - 도르래와 깃발신호 체계 : 그렇게 찾아내어 만든 자신만의 영역에서 고산은 자기가 신선이라도 된 듯 상상의 세계를 펼쳐 나갔던 것으로 보인다. 선계는 기본적으로 인간으로서는 갈 수 없는 초월의 공간이다. 그러니 선계인 그곳을 속인들이 수시로 출입하게 된다면 애써 획득한 선계구도는 훼손될 수밖에 없다. 이런 관점에서 동천석실 바로 앞의 용두암과 낙서재 지역을

그림57. 부용동 동천석실 앞의 바위(좌). 낙서재와 연결되는 동아줄을 걸어 음식물 등 요긴한 것을 날랐다고 전한다. 선계 동천석실로부터 인간의 발길을 가급적 멀리하고픈 고산의 바람이 도르래라는 독특한 장치를 고안해 낸 것이라는 해석도 가능하다. 수직 고저차를 극복하는 장치인 도르래(우). 이인문(1745~1821), 강산무진도(江山無盡圖) 부분

연결하였다고 하는 도르래는 유용한 수단이었을 것이다. 깃발신호 체계에 의해 항구로부터 올라오는 긴급한 사안들[7]이나 기타 중요한 사안들은 도르래로 고산에게 전달되었다. 글로 적어 도르래에 넣기만 함으로써 전달이 가능하니 굳이 인편을 시켜 동천석실까지 오르내리게 할 필요가 없었을 것이다. 이렇게 보면 도르래는 긴급하거나 필요한 최소한의 소통은 확보하면서 자신이 앉아 있는 선계 동천석실에 사람들의 오르내림을 대체하기 위한 것이라고 볼 수 있다. 자신이 머무는 동천석실을 선계로서의 분위기로 유지하려는 의도가 깔려 있는 것이라 할 수 있다. 그러고 보면 전래설화[8] 속에는 도르래와 유사한 도구가 천상과 지상을 이어주는 유력한 매개물로 익숙하게 등장한다. 선계(동천석실)와 지상(낙서재)을 이어주는 매개물이라는 상징적 의미구조를 연상시킴으로써 도르래는 그 실질적인 효용을 넘어 중요한 의미망을 구축하고 있는 것이다.

## 생태미학

### 원림 조영에의 접근 태도

격물치지格物致知, 관물궁리觀物窮理[9] : 원림 조영에 있어서의 접근 태도나 방식에서 읽을 수 있는 윤고산 원림의 생태미학은 '신체를 통한 체득' 과 그것의 '심미적 상찬賞讃' 으로 요약된다. 동시대 선비들과는 달리 고산은 관념을 넘어 사물에 직

7) 현재 보길도에 거주하고 있는 고산 후손 윤창하 씨에 의하면 이 깃발신호의 전달루트와 지점은 '등문→까치바위(세연지 건너편)→세연정 뒤 언덕→회목(혁희대 아래)→낙서재' 로 연결되었다고 한다. 그리하여 급한 사항은 글로 적어 도르래로 건너편 산 중턱 동천석실에 있는 고산에게까지 전달되었다(성종상, 앞의 책, p.108).

8) 전래설화 「나무꾼과 선녀」에서는 도르래와 유사한 두레박이 천상과 지상을 연결하는 매개수단으로 등장한다. 나무꾼은 하늘에서 지상 숲속 연못으로 내려 물을 길어 올리는 두레박을 타고 올라가 선녀를 다시 만난다. 전래동화 「해와 달」에서는 동아줄이 이와 유사한 매체로 등장한다.

그림58. 고산이 사용했던 패철(사진제공: 윤승현)

접 다가감으로써 그 원리와 미를 터득하고자 하였던 것으로 보인다. 자연의 질서와 원리를 찾기 위해 고산은 '선격물先格物 후물격後物格에 의한 치지致知', 이른바 '격물치지格物致知'를 강조하였다. 격물格物이란 나의 진구進究함이 사물의 이理의 극처極處에 이름을 말하며(고산유고 권4: 45), 이 격물에 힘씀이 오래되면 물리物理가 스스로 내 마음에 와 터득되는데, 이것이 격물이라는 것이다. 격물을 위한 학자의 자세와 노력으로 그가 말하는 '마땅히 천하의 모든 사물에 나아가 미루어 궁구하고 체득하여서 그 정미한 심층까지 살피는'(성기옥, 1987: 236) 작업은 오늘날의 생태적 조사 및 분석 과정의 핵심과 정확하게 부합된다. 고산이 강조한 격물을 위한 자세, 즉 사물에 다가가 미루어 궁구하고 체득하여서 그 정미한 심층까지 살피는 작업은 사물에 대한 철저한 이해를 가능하게 한다. 이 같은 물리를 추구推究하는 자세로서 격물은 조선 성리학의 학구적 태도로서 현장성을 중시한 관물궁리觀物窮理의 태도와 견주어 설명 가능하다. 이는 현장성을 중시하는 경험 과학적 태도이며 독서궁리讀書窮理, 즉 원림 생

9) 조선의 지배이념인 성리학의 학구적 태도는 크게 보아 천문과 지리를 관찰하여 가까이는 몸에서 멀리는 물(物)에서 이치를 구하려는 관물궁리(觀物窮理)와, 자연과 세계의 현상을 포괄적으로 설명하는 성리학의 주요 경전을 읽고 해석하는 과정에서 자연과 인간과 세계의 모든 이치를 구하려는 독서궁리(讀書窮理)로 나누어진다. 전자가 유교의 경전, 즉 오경(五經)이 정비되기 이전부터 행해져온 유가의 원천적인 자연감상법이라면 후자는 그 이후 인문이 발달하면서 중시된 것으로, 조선의 선비들은 독서궁리로 얻은 이치를 관물궁리로 현상계에서 징험해 보는 정도였다(곽신환(1987), "주역의 자연과 인간에 관한 연구", 성균관대학교 박사학위논문, p.4; 김은미(1991), "조선초기 누정기의 연구", 이화여자대학교 박사학위논문, p.80).

활에서의 독서 등을 통해 보완됨으로써 한결 유력한 자연 이해 방식이 되었을 것이다. 고산은 독서궁리(일상)→관물궁리(원림 생활)→자연 이해→자연 상찬(노래, 시)으로 이어지는 이해 및 감상의 구도를 유지하였다고 볼 수 있다. 그의 대표적인 시가인 오우가五友歌도 자신이 찾아낸 대상(물, 돌, 소나무, 대나무, 달)이 지닌 속성에 대한 해박한 지식과 이해를 토대로 하여 지은 것이다.

유遊와 장소 안에 거주하기 : 일생 동안 고산이 마음에 품었던 자연 애호의 성정은 그의 행장과 작품 속에 잘 표현되어 있다. 이를 현실 속에 구체화 시킨 것이 바로 정원의 조영이었는 바, 고산은 실재하는 자연 속에서 의미를 찾아내어 독창적인 해석과 의도로 이를 조형화하여 자신만의 원림으로 만들어 내었다.

동양적 산수미의 체득방식인 '유遊'는 고산이 자연 속에서 정원을 만드는 과정에서 즐겨 선택한 핵심적인 태도이자 방법이었다. '유遊'란 '한 곳에 머무르지 않고 여기저기 다니다'라는 의미이며,[10] 여기에는 단순한 놀이 이상의 개념이 내포되어 있다. 이는 중국 고대 화가들이 산수의 조화를 본받고 운행원리를 꿰뚫기 위해 택한, 이른바 '실컷 돌아다니면서 한껏 보고 나서 그것이 가슴속에 역력하게 새겨지는飽游看飫歷歷列羅於胸中'[11] 경지를 추구한 것과 닿아있다. 고산이 연동 종가

---

10) '유(遊)'의 사전적인 의미로는,

① {戲} 逸樂 · 戲樂하다.

② {行} 여행하다. 한곳에 머물지 않고 여러 곳을 다니다.

③ 就學하다. 遊於聖人之門(『孟子』〈盡心章〉上)

④ 自適하다. 心有天遊(『莊子』〈外物〉편)

⑤ 遊說하다.

⑥ 奏樂의 古語

⑦ 酒色의 즐거움 등으로 설명되어 있다(『大漢和辭典』, 諸橋轍次, 大修館書店).

를 거점으로 하여 보길도 부용동이나 수정동→문소동→금쇄동으로 이어지는 원림을 차례로 조영한 것은 이 같은 가까운 거리에서의 유, 즉 '근유近遊' 의 결과가 구체적인 장소 만들기로 이어진 결과인 것이다. 고산이 이들 원림들을 자주 왕래하였음은 그가 금쇄동과 수정동을 오가며 쓴 한시 「우음偶吟」에 다음과 같이 잘 나타나 있다.

| | |
|---|---|
| 금쇄동 안에는 꽃이 바야흐로 피고 | 金鎖洞中花正開 |
| 수정바위 밑에는 우레같은 물소리 | 水晶巖下水如雷 |
| 유인이라고 어찌 일없다 하랴 | 幽人誰謂身無事 |
| 대지팡이에 짚신신고 **매일 오간다네.** | 竹杖芒鞋日往來[12] |

금쇄동에서 수정동을 이처럼 날마다 오갔다면, 거리가 더 가까운 금쇄동에서 문소동까지는 더 자주 왕래하였을 것이다. 실제로 비슷한 시기에 지은 '문소동에 들면서 읊었다' 는 「입문소동구점入聞簫洞口占」이라는 한시에서 그 같은 사실을 확인할 수 있다.

| | |
|---|---|
| 한 달 동안 문소동에 **매일 오는데** | 一月聞簫日一來 |

---

이처럼 한자어 '유(遊)' 는 호이징하가 말하는 '놀이(play, game)' 의 개념에 비해 진리를 추구하는 지적 활동의 추구라는 의미가 추가되는 다중적 개념이다. '유' 의 개념은 특히 장자의 사상에서 핵심적인 개념을 이루고 있는데 「소요유(逍遙遊)」에는 도의 무한함 또는 헤아릴 수 없음을 곤(鯤)(化하면 대붕大鵬이 된다는 상상의 물고기)과 붕(鵬)의 유유한 노님으로 비유하고 있다(신은경, 『풍류 - 동아시아 미학의 근원』, 보고사, 1999, pp.68~9에서 일부 수정인용). 글자로 보면 유(斿)와 착(辵)이 합쳐진 것이니 '아이들이 깃발(斿)을 들고 다니며(辶) 논다' 는 뜻이다. 유(遊)와 같이 사용되는 游는 원래 옛날 제왕이 봄에 전국을 순회하면서 민정을 살피고 가난한 사람을 구제하기도 하던 데에서 연유되었다.

11) 곽희(郭熙), 〈임천고치(林泉高致)〉, 유중하 역(1999), 장파, 『동양과 서양, 그리고 미학』, 푸른숲, p.375에서 재인용

12) 박요순(1987), "고산의 문학의식연구", 『고산연구』 창간호, p.147. 번역은 필자가 일부 수정하였음. 강조는 필자

푸른 산 붉은 나무는 비단을 천 겹이나 쌓은 듯　碧山紅樹錦千堆
시골늙은이야 그저 살림하는 사람일 뿐　村翁只作營家客
아침 저녁 한정을 어찌 알리오.　朝暮閑情豈識哉[13)]

문소동 역시 매일같이 오갔다는 것을 보면 이 3개의 원림, 즉 '산중삼승山中三勝' [14)]을 고산이 하나로 묶어 원림생활을 즐겼다는 사실은 의심할 여지가 없어 보인다. 이렇게 보면 당시 고산의 생활은 제사나 집안대사를 치르기 위해서 들른 연동 종가를 중심으로 하면서, 가까이 위치한 이들 세 원림을 하나의 영역으로 하고, 바다 건너 섬 보길도에 조영한 부용동을 다른 영역으로 하여 일종의 다핵 구도를 갖는 별서 체계로 운영한 것이라는 해석도 가능하다. 고산이 자연을 대함에 있어서 관념을 넘어 몸으로 직접 체험하고 그 과정에서 체득되는 미적 경지나 정신적 감회를 즐길 수 있었던 것도 '유' 를 통해 가능하였던 것이다. 그런 점에서 고산 원림에서 '유' 란 격물을 위한 구체적 방법으로서 일종의 신체를 통한 산수의 체득방식이면서, 동시에 그렇게 해서 조영한 원림들을 몸으로 향유하는 체험 방식이라 말할 수 있다.

'유' 가 비교적 단시간에 반복적인 답사라는 의미를 갖는다면 '장소 안에 거주하기' 는 보다 장기적이고 특정 장소에 집중 또는 한정되는 실천 방식으로서, 산수간의 주요 지점에 정자나 거처를 마련함으로써 이루어졌다. 대체로 고산 원림에

---

13) 이 시는 그가 수정동, 문소동, 금쇄동의 은거생활을 한 지 6년이 지난 59세에 지은 것으로 알려져 있다. 금쇄동으로 주거소를 옮긴 지 6년이 지나도 여전히 문소동을 '매일' 오고 있는 것이다. 정운채(1995), 『윤선도, 연군지정과 이념의 시세계』, 건국대학교출판부, p.39에 나온 번역을 필자가 일부 수정하였음. 강조는 필자

14) 고산보다 앞선 조선 중기의 대표적 시가시인인 송순(宋純, 1493~1583)이 담양 성산동의 식영정과 이웃에 위치한 소쇄원, 환벽당을 일동삼승(一洞三勝)이라 한 것에 비견하여, 고산의 해남 원림 3곳을 윤승현은 一洞三勝으로(윤승현(1993), 『실록 고산 윤선도』, 사회복지저널사, p.154), 박준규는 산중삼승(山中三勝)이라고 칭하고 있다(박준규(1997), 『고산 윤선도의 생애와 문학』, 전남대학교출판부, p.171).

서는 먼저 초기 단계에 특정 장소를 반복적으로 찾아가는 '유'를 거쳐서, 그곳에서 찾아낸 가장 주요한 지점에다 정자를 짓는 것으로 '장소 안에 거주하기'가 시작되는 과정을 취했을 것으로 추정된다. 수정동에 인소정人笑亭을 지어 시작한 원림은 그해 문소동에다 정사精舍를 마련하였고, 이어서 그 이듬해 봄에 금쇄동을 발견하여 회심당(주거처), 불훤요(침소), 휘수정(수양/휴식처), 교의재(강학처) 등을 축조함으로써 일단락되었다. 종가 녹우당으로부터 걸어서 1시간 반 정도 거리인 수정동에서 시작한 원림생활은 당초 정자(인소정)를 마련한 정도였으나 곧이어 문소동에 정사와 금쇄동의 여러 건물군으로 점점 늘려나간 것으로 보인다. 초기에는 정자에 잠시 머무르는 것부터 시작하였으나 점차 장소 안에 거주하는 기간이 길어지고 빈도도 늘어나면서 정사와 여타 건물군을 필요로 하게 되었을 것으로 추정해 볼 수 있다. 대상 장소에 대한 점진적인 이해의 과정과 연계된 이 같은 원림 조성 과정은 오늘날의 생태적 계획에서 주장하는 과정과도 유사하다. 결국 고산은 자연에 대한 관심과 소통의 자세로서 '격물'을 중시하였고, 그것은 '유'나 '장소 안에 거주하기'라는 구체적인 실천 방법론을 통해 실현되었다고 할 수 있다.

### 원림 입지의 선정

풍수적 안목을 통한 적지 선정 : 조선의 지배 이념인 주자학은 도덕적 이상과 현실적 한계 간의 끊임없는 갈등과 긴장 관계를 배태시켰다. 풍수학의 바탕인 도교 철학은 주자학, 성리학적 입장에서는 배척 대상이라 할 수 있다. 그럼에도 불구하고 조선 시대에 풍수학이 살아남을 수 있었던 것은 풍수 사상에서 중시하는 음택론이 유학 이념의 큰 덕목 중 하나인 효 사상을 함축하고 있다는 점 때문이었다. 상반된 이념 체계임에도 불구하고 유학과 도교가 풍수 사상을 통해 하나의 공통 분모를 공유할 수 있었던 것이다.[15)]

고산의 풍수 안목은 그 같은 구도 속에서 이해할 수 있다. 평생을 적방謫訪 속에서 굽히지 않는 직언과 상소로 유배를 되풀이하였던 고산은 자연에 의탁하여 현실에서 벗어나고자 하였다. 고산은 수준 높은 풍수 식견[16]으로 자신의 지친 심신을 달랠 수 있는 명소를 찾았던 것이다. 그가 스스로 찾아 조영한 수정동, 문소동, 금쇄동과 보길도 부용동은 지리地理에 밝았던 고산의 혜안이 유감없이 발휘된 곳들이다. 이들 원림의 입지를 선정함에 있어 허결虛結과 비보裨補 등의 풍수이론을 적용한 것으로 보아 고산이 보길도를 은거지로 정한 데에는 그의 풍수학적 지식이 뒷받침되었으리라는 주장[17]은 충분히 설득력이 있다.

형국 파악 및 전체적 골격 설정 : 고산은 본격적으로 원림을 조성하기에 앞서 땅의 지형적 특질을 읽어내기 위해 답사를 하고, 가장 적절한 장소를 찾아내었다. 그러고 나서 전체적인 지형 조건 내에서 입지 위치와 방향, 적정 규모, 개략 배치 등을 결정하였다. 일례로 윤고산이 부용동을 발견한 후 자신이 거처할 집(낙서재)을 짓는 과정을 보면, 땅의 형국을 면밀히 살펴서 시설 배치를 위한 터를 잡았다는 사실을 알 수 있다. 그는 먼저 전체 지형 형국을 읽어서 개략적인 자리를 가늠하고서 사람을 시켜 깃발을 매단 긴 장대를 들고 그 곳을 오르내리게 하였다. 이 방법을 통해 그 고저高低와 향배向背를 헤아려서 낙서재 건물을 앉힐 정확한 자리

---

15) 최창조(1991), 『한국의 풍수 사상』, 민음사, p.32
이 외에도 조선조에 주자학과 풍수 사상과의 동거가 가능하게 된 요인을 문영오는 다음과 같이 설명하고 있다. "(조선조 주자주의 이념 창출자인) 주자는 『산릉의장(山陵議狀)』을 지음으로써 조선조 사대부들에게 한눈을 팔 수 있는 영역을 제공해주고 있다. 물론 여기에는 태조 이성계의 한양천도에 깊이 관여했던 무학대사가 뛰어난 풍수가였고, 태조의 한양천도가 풍수설에 기댄 사실도 조선조 사대부들이 풍수설을 일방적으로 배척하지 못한 인자가 되었을 것이다." 문영오(2001), "고산 풍수 사상의 현장화의 양태 고구", 『고산문학상론』, 태학사, p.504
16) 고산 사후 그를 높이 칭송한 정조는 고산을 조선조에서 무학대사 이후 가장 뛰어난 풍수가로 평가하였다. 『홍제전서(弘齊全書)』 권 57, 雜著, 定園第一

그림59. 복원 전의 낙서재

를 정하였다(윤위, 『보길도지』, 「낙서재와 무민당」편). 이는 마치 근간近看과 원망遠望[18]을 통해 산수를 관찰하고 이해하고자 하였던 곽희의 산수 답사 방식을 연상시킨다. 형국을 파악하기 위해서는 가급적 대상지로부터 멀리 떨어져서 바라보아야遠望 하고, 보다 세세한 장소적 조건을 파악하기 위해서는 가까이에서의 정밀한 관찰近看이 필요한 것이다.

고산은 원림 조성을 위한 장소를 선정함에 있어 피상적이며 관념적인 이론에 치우치지 않고 현장답사를 통한 철저한 조건파악을 중시하였다.[19] 그것도 어느 한

---

17) 고산의 풍수 관련 논의는 다음을 참조할 것
문영오(2001), "고산의 풍수 사상 고구", 『고산문학상론』, 태학사, pp.473~528
—— (2001), "고산 풍수 사상 현장화의 양태 고구", 『고산문학상론』, 태학사, p.521

18) 곽희는 산수의 정수를 체득하기 위해 실제로 현장을 답사하고 면밀히 관찰하여야 한다고 주장하였는데, 근간(近看)과 원망(遠望)은 그 관찰방법이다. '근(看)' 은 '손으로 눈 위를 가리면서, 즉 이마에 손을 얹고' 상세히 보는 것이며, '망(望)' 은 시간적으로 장시간, 공간적으로 원거리를 전제로 하여 바라보는 것이다(동아새한한사전: 황기원(1992), "임천고치에 나타난 곽희의 자연관", 『환경논총』 제30권, p.176~8).

순간의 일회적 조사와 판단에 의하기보다 긴 시간을 두고 수차례의 답사를 통해 공간을 이해하고자 하였던 것으로 보인다. 금쇄동과 부용동의 경우에는 아예 먼저 거주할 최소 공간을 확보하여 그곳에서 살아가면서 주변의 공간 및 경관구조를 명확히 파악한 연후에 다음 단계의 시설을 점진적으로 설치 조성하였다. 결국 그의 원림들은 대개가 반복적인 답사를 통한 관찰과 대상 읽기를 바탕으로 조영되었고, 자연과의 수준 높은 합일 및 예술적 향유는 그것의 자연스러운 귀결이었던 셈이다.

땅과의 합일 추구로서의 터잡기 : 산지에 입지한 고산 원림은 넓은 공간적 영역에 비해 상대적으로 적은 인위적 시설 배치가 특징이다. 자연 그대로를 화판 가득히 들여온 후 화룡점정畵龍點睛 하듯 요지에 정자나 거주용 건물을 짓는 것이다. 규모상 크지 않은 정자는 대개 그 보다 약간 큰 규모로 터를 만들고 그 위에 초석을 두어 기둥을 올려 짓는다. 터를 조성함에 있어서는 현지에 유용 가능한 잡석을 사용하여 석축으로 기단을 조성하되 지형에 맞추어 기존 지형의 과도한 변경을 최소화하려 하였다. 그 석축도 혹은 바위에 의지하여 대를 만들고, 혹은 흙을 쌓아서 제방을 이루는 식으로 장소가 갖는 세부 여건에 맞추어 축조하는 방식을 취해 장소 조건에 최대한 효과적으로 적응시키고자 하였다. 이 같은 방식은 자연 자원의

19) 고산의 빈번한 현장답사 또는 장소체험을 입증해 주는 직 · 간접적인 기록은 어렵지 않게 찾을 수 있다. 그가 74세 때 함경도 삼수로 귀양가서 쓴 시의 시작 동기 설명문에서 '내 평생 산에 오르고 물을 찾는 일을 즐겨했다' 라는 내용이 나온다. 또 그가 산행하는 데 발걸음이 경쾌하여 젊은 사람도 제대로 따라가지 못하였다는 기록(『보길도지』, 「동천석실편」)이 있는가 하면, '공은 여가가 있을 때마다 죽장을 끌고 소요하고 영가(詠歌)하면서 돌아오곤 하였다' 라는 기록(『보길도지』,「낭음계편」)도 있다. 일기가 좋고 아프거나 특별히 걱정스런 일이 생기지 않는 한 한 번도 거르지 않았다는 곡수, 석실, 정성암, 세연정, 칠암, 무민당으로 이어지는 하루 일과도 그의 삶이 작지 않은 공간적 궤적을 일상적으로 체험화 했음을 알려준다. 또한 금쇄동에서 명명된 바위 등의 자연경물들은 모두 그가 직접 오르내리던 동선을 따라 의미를 부여하고 이름 지은 것들이다.

그림60. 인소정터 석축유구

존중과 활용이라는 점 이외에도 기존 환경 조건의 질서와 체계를 유지함으로써 얻을 수 있는 환경적·경제적 이점 – 공사의 절대 규모 감소로 인한 시간 및 노력과 비용 절감, 기존 환경 훼손의 최소화 등을 도모할 수 있다. 이미 있던 산성을 활용하여 조성한 금쇄동 원림은 그 대표적인 본보기이다. 양몽와養夢窩와 불훤요拂萱寮 등 건물은 물론, 상지와 하지 등 금쇄동의 주요 시설들은 산성 내 기존 시설터를 이용하여 조성되었다. 기존 시설이 있었던 곳이니 건축이나 공간 조성에 유리하였을 것인 데다가, 양호한 주변 경관을 훼손하지 않고 즐길 수 있으니 단순한

그림61. 기존 바위에 기대어 쌓은 수정동의 상지 계류부 석축. 세월이 많이 흐른 지금까지도 제 모습을 잘 유지하고 있는 것은 아무래도 기대고 있는 큰 바위 덕분일 것이다.

경제적 관점 이상의 의의를 갖는 것이다.

### 공간 구도의 설정

비정형적 선형 구도 : 한국 전통정원이 서구의 다른 정원과 구분되는 가장 대표적인 특징 중 하나는 공간 배치구도에 있어서의 비정형성일 것이다. 이는 산수 간에 조성된 원림에 특히 공통적으로 나타나는 특성으로 기존 자연 지형에 대한 순응적 대응의 산물이다. 기복이 심한 산지 지형에서 정형적 배치를 고집한다는 것은 과도한 형질 변경이 없이는 불가능하다. 그러나 그런 형질 변경 행위는 기본적으로 어렵거니와 인력과 비용도 많이 들어간다. 더욱이 기존 자연경관이 빼어난 곳에서는 철저히 절제되어야 마땅하다. 고산이 찾아낸 원림 입지들은 대체로 암석과 계류가 한데 어우러진 비경이고, 개별 장소들도 평탄지가 별로 없다. 따라서 그런 땅에 들어선 정원이 비정형적인 공간 구도를 갖는 것은 당연한 귀결이라 할 수 있다. 고산의 원림에서는 얼마간이라도 연장되는 직선 축조차도 일체 찾아보기가 어렵다. 기존 지형과 자연경관이 지닌 질서를 존중하면서 최소한의 인위로 터와 건물을 짓다보면 전체 공간이 자연스러운 비정형성을 띨 수밖에 없는 것이다. 고산 원림의 공간 배치에서 읽을 수 있는 또 다른 특징은 선형적인 배치구도이다. 대체로 좁은 산지에서 기존 등고선에 맞추어 시설과 공간을 배치하다 보니 한데 모으기 보다는 작은 규모로 나누어 분산시키는 것이 유리할 수밖에 없다. 특히 고산의 원림은 산수 간에서 특정 공간 안에만 한정시키기 보다는 주변까지 포함하여 넓게 확장된 구도를 취함으로써 선형적인 동선이 중시된다. 개별 시설이나 장소가 차지하는 공간은 결코 크지 않으나 정원의 전체 영역은 한껏 확장되어 있는 고산 원림에서 선형적인 동선은 체험을 위한 최소한의 장치가 된다. 금쇄동 원림에서 동선은 계곡 아래 점로에서부터 개울을 건너면서 시작된다. 산기슭의 이상

그림62. 금쇄동 산성

그림63. 높다란 절벽 위에 자리 잡은 동천석실. 인간 세상과 그다지 멀리 떨어져 있지 않으면서도 쉽게 접근할 수 없는 곳이어서 탈속적 경지를 맛보기에는 안성맞춤이다.

하게 생긴 석문 불차不差를 지남으로써 비로소 정원 영역 안으로 들어온 체험의 경로는 지형을 따라 굽어지며 꺾이는 산길을 따라 하휴下休, 기구대棄拘臺, 중휴中休를 거치면서 가파른 오르막 동선으로 접어들게 된다. 그러다가 어느 순간 상휴上休, 창고暢高, 쇄풍灑風에서 잠시 지나온 길들을 되돌아보며 가쁜 숨을 고르는 순간들을 가진다. 그 후 다시 첨흘瞻惚을 거쳐 휘수揮手에 이르러서는 이제껏 올라온 여정과 내가 떠나온 인간 세상을 내려다보는 한편 바로 건너편 산봉우리에 펼쳐지는, 바짝 가까워진 신선들의 경지를 눈으로 확인하며 바야흐로 시작되는 선경에 대한 기대를 증폭시키게 된다. 다시 지일과 금쇄를 거쳐 이제 비로소 선경에 들어서면 그곳에는 본격적인 정원이 펼쳐져 있다. 불훤료와 상하지, 그리고 석천石泉이 선경 속에 마련된 자신의 주활동 거점이라면 월출암과 회심당은 각별한 의미를 지닌 특별한 장소이다. 그리고 산성 외곽부 사방에 자리잡은 주요 경관 조망점들로의 체험은 다시 그들 주요 거점을 중심으로 하여 선택적으로 이루어진다. 효와 충의 가치가 부여된 유회-추원-인빈[20]이 성리학적 의미를 지닌 도학적 경로라면, 국고대-집선대-난가대-흡월로 이어지는 북측 경로는 선경 금쇄동의 도선적 취향을 만끽하게 해주는 신선의 통로이다. 결국 금쇄동은 계곡 아래 인간세계에서부터 산꼭대기 선계로까지 이어지는 초월적 체험의 경로가 중시된 선형의 정원인 셈이다.

이와 비슷한 선형적 공간 구도는 부용동이나 수정동에서도 유사하게 확인된다. 부용동이 상대적으로 광대한 공간 안에서 몇 개의 시설군으로 이루어진 확대 거점을 두고 이들을 연결하는 방식을 취하고 있다면, 수정동은 좁은 계곡 내에서 기존 지형지물, 특히 거대한 노출 암반과 계류를 활용하여 각기 다른 체험을 섬세하게 유도하는 한정된 동선 구도를 택하고 있다고 할 수 있다.

정위定位[21]를 통한 장소의 감각 유지 : 일찍이 도연명 이래 자연산천 속으로 들어가 노닐고 머무른 조선 선비들의 이상적 취향이었기에 산수 간에 집을 짓고 정원을 조성하는 것은 이상적 공간인 자연 속에 자신의 자리를 확보하는 산수관의 적극적 실천 행위라고 할 수 있다. 그것은 산수간 유람이라는 일시성, 단발성의 행위와는 구분된다. 자신의 삶을 온전히 산수 간에 몰입시키는 것이므로 자연환경 조건과의 조화로운 관계 설정을 전제로 하여야만 한다. 그러므로 그곳에 지은 집과 정원은 산수와의 관계 설정을 위한 거점이자 출발점이 된다. 그곳을 통해 주변

---

20) 금쇄동 정상 중앙부 월출암을 중심으로 남에서 동으로 이어지는 경로상에 위치한 유회, 추원, 인빈. 인빈에 대한 보다 자세한 설명은 본 책 116~117쪽 참조

21) 정위(定位)란 '생물체가 몸의 위치나 자세를 능동적으로 정한 위치나 자세'를 뜻한다. 여기서는 산수 간에서 자연과의 관계 속에서 자리를 바로잡는 것으로서, 방향성과 관계성을 감안한 자리잡기를 의미한다. 자연과의 관계망을 구축하면서 그 속에서 자신의 존재 위치를 정립하는 의미를 지닌 위치 설정인 것이다.

그림64. 불차(不差). 고산이 명명한 금쇄동 22경 중 금쇄동으로 들어가는 첫째 관문으로서 이상하게 생긴 커다란 바위를 작은 바위가 떠받치고 있는 석문형상이다.

자연과의 지속적인 관계망을 형성할 수 있게 되는 것이다. 주변 자연환경에 대한 파악과 통찰은 그 관계를 긍정적이고 바람직하게(다시 말해 탐승하고 찬미하게) 설정하도록 하는 가장 기초적 필수 선행 조건이다. 부용동 원림 내에 각기 다른 지형적 여건에 자리잡은 낙서재와 동천석실, 세연정은 '섬 안 산중' 이라고까지 불렀던 당시 보길도 자연환경 속에서 고산이 주변 환경과의 관계망 속에서 자신의 존재 위치를 확인하고 정립하기 위해 설정한 거점이었던 셈이다.

금쇄동의 자연환경 속에서 정위로서 특별히 중요한 의미를 갖는 곳은 불차不差이다. 이 불차는 주막거리로부터 문소천을 건너 금쇄동으로 오르는 길에 가장 먼저 만나는 곳으로서, 그가 어렵게 찾은 체험의 경로를 빠뜨리지 않고 맛보기 위해서는 필수로 거쳐야 하는 관문이나 다름없는 곳이다. 그러기에 그는 "이 문을 통해서 들어가게 되면 금쇄동에 드는 길이 조금도 어긋나지 않고 마침내는 위로 통하게"[22] 된다고 하였고, 굳이 '모양이 심히 이상한' 석문石門을 그 표시물로 선정한 연유도 그에 있다. 즉, 불차는 인간세계를 벗어난 금쇄동이라는 선경으로 가기 위

22) 『고산유고(孤山遺稿)』 권5, 下 21章 (문영오, 앞의 책, p.560~1에서 재인용)

23) 현재 불차(不差)라고 확인된 바위는 머리를 하늘로 치켜든 자세의 큰 바위를 아래쪽의 작은 바위가 떠받치고 있는 형국을 하고 있다. 바위 위쪽 귀퉁이에는 정으로 찍어 들어올린 듯한 흔적이 있다(그림64 참조). 이것으로 고산이 불차의 중요성과 시각적 인지도를 강조하기 위해 인위적으로 만들었을 가능성을 추정해 볼 수 있다. 성종상(앞의 책, p.116). 한국건축문화연구소(1999), 『윤선도 유적 및 현산고성 학술연구보고서』, 해남군, p.65.

한 필수 관문이다. 달리 말하자면 불차를 거치지 않고 다른 루트를 통해서는 금쇄동의 참 묘미를 맛볼 수가 없는 것이다. 무거운 바위를 일부러 들어올리기까지 하였던 것은,[23] 아마도 불차의 그 같은 위치와 방향상의 중요성 때문에 고산이 석문石門으로서의 식별성을 더욱 강조하기 위한 의도적인 행위였을 것이다. 불차가 금쇄동을 오르는 경로상에 위치한 중요한 정위적 장소라면 산 정상부의 금쇄동 내부에서 중심적 정위가 되는 요처는 월출암이다. 수백 명이 이용할 수 있을 정도로 길고 넓은 바위인 월출암은 비교적 평탄한 정상부 산성 안 중앙부에 위치하고 있어 시각적으로나 공간적으로 중심이 되는 지점이다. 『금쇄동기』에서 출발점인 불차와 함께 월출암을 기점으로 하여 금쇄동 내 각 경물들의 방향과 거리를 묘사하고 있다는 사실이 이를 잘 입증하여 준다. 본격적인 정원 영역인 정상부로 들어가는 관문에 해당되는 휘수정은 이들과 다른 차원에서 중요한 공간적 위상을 갖는 곳이다. 휘수정이 지어진 곳은 병풍처럼 가로막고 서있는 높이 12미터 정도의 암벽屛風 바로 아래 암반平岩 위이고, 그 아래도 수 길 낭떠러지가 허공을 떠받치고

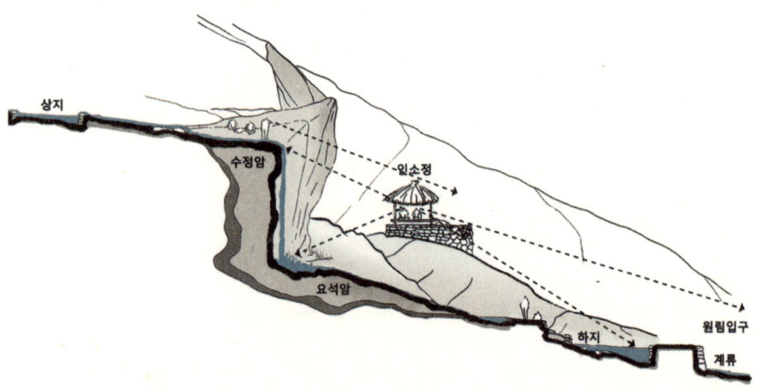


그림65. 수정동 인소정의 정위 – 주변과의 시각구도

있는 곳이다. 위와 아래가 모두 단애로 되어 접근하기도 쉽지 않은 곳이니 더욱 예사롭지 않은 자리인 것이다. 높은 암반 위 정자에 앉아 자신이 살던 문소동을 오가는 길과 문소천을 내려다보는 조망 구도는 보길도의 동천석실의 그것과 유사하다는 사실도 유의할 만하다. 말하자면 인경人境과 그다지 멀리 떨어져 있지 않되 그로부터 벗어난 탈속의 경지, 즉 선계仙界를 확인하면서 인간사를 잊고 자연을 노래하기에 적절한, 자연과 인간 세상 사이에서의 적정한 위치 설정이라 할 수 있는 것이다.

수정동에 있어서는 계곡 아래쪽에 위치한 죽림과, 수정암 바로 아래 인소정이 정위상 중요한 장소이다. 계곡 아래에서 수정동 원림을 접근하면서 만나는 죽림은, 그때까지 보이지도 않고 짐작도 되지 않는 수정동 원림의 존재를 암시해 주는 식별 장치이자 관문이라는 점에서 금쇄동의 불차와 비슷한 역할을 담당한다. 그에 반해 전체 계곡을 가로막고 버티고 선 수정암으로 인해 상하 두 개의 정원으로 구분된 수정동 원림 내에서는 인소정이 둘로 나뉜 정원을 서로 연결하면서 전체 정원 내 구심적 위치와 체험 통로상 방향 파악을 위한 단초를 제공해주고 있다. 그러면서 높여진 단위의 정자는 대상지 계곡 지형이 갖는 한계 — 특히 수정암의 거대한 수직 스케일로 인한 시각 단절과 좁은 계곡 지형으로 인한 시야의 제한 등의 단점을 극복하기에 유리한 장치이기도 한 것이다. 수정동에 있어서 죽림과 인소정의 이 같은 정위상 역할은 정원의 흔적을 찾기 어려워 옛 모습을 가늠하기 어려운 현시점에서도 여전히 실감나게 확인된다.

결국 앞에서 말한 비정형적 선형 구도의 원림 속에서 정위는 그 같은 비정형성에서 야기될 수밖에 없는 한계를 극복하고, 최소한의 공간적 질서를 유지하면서 적절한 방향성을 확보할 수 있도록 해주는 유효적절한 해법이라 할 수 있다. 말하자면 정위는 비정형적 배치 구도가 주는 자유로움과 변화감을 확보하면서, 중요한

그림66. 세연지 둔덕과 수림

지점을 찾아내어 핵심 거점화함으로써 자칫 흐트러지기 쉬운 전체 정원에 균형과 중심성을 부여해주는 효과적인 수단인 셈이다.

과학과 예술적 사고의 산물로서의 수공간

물은 고산 윤선도 원림에 있어서 가장 핵심적인 요소 중 하나로 간주된 것으로 보인다. 그것은 전통적으로 물을 중시한 동양 정원의 맥락과 상통하면서 풍수가인 고산의 탁월한 땅 읽기의 결과이기도 하다. 그가 조영한 원림 중 현재에도 유구가 남아있는 보길도 부용동이나 해남의 수정동, 문소동과 금쇄동은 모두 물이 중요한 정원 구성 요소로 사용되었던 곳이다. 보길도 부용동 원림의 주요 거점 공간인 곡수당, 동천석실, 세연정에도 물은 경관 연출이나 공간 구성, 그리고 상징체계에 있어서 핵심을 이루는 공통분모로 사용되고 있다. 계류변에 조성된 두 개의 연못을 중심으로 펼쳐진 곡수당이나 세연정, 그리고 수정동은 일종의 물을 주제로 한 정원이라 할 수 있다. 산중턱과 정상부에 위치한 동천석실과 금쇄동도 물은 연못 — 석정石井, 석천石泉, 석담石潭(이상 동천석실); 석천石泉, 상지와 하지(이상 금쇄동) — 과 폭포 등 다양한 형태로 구사되어 있다.

고산 원림에서 물은 흐름과 고임, 선형과 높낮이, 수량과 유속 등이 다양하게 연출되었을 뿐만 아니라 홍수나 갈수기의 불리함을 극복하려는 적극적인 대처 방식을 보여주고 있다. 대체로 그것은 고산의 해박한 자연과학적 지식과 창의적 사고의 산물이다. 홍수 시 물 흐름 조절이나 가뭄 때의 물 확보 등의 수리수문학 및 토목과 관련된 지식이 밑바탕에 깔려 있으면서, 동시에 효과적이고 극적으로 수경을 연출하고 감상하려는 예술적 의도도 곳곳에서 발견된다. 그런 점에서 과학과 예술이 통합된 현장으로서의 고산 원림의 특질이 수공간에도 잘 드러나 있는 것이다.

탁월한 수공간 입지의 선정 : 고산이 조영한 수공간들을 보면 그가 얼마나 세심하게 고려하여 입지를 정하였는가가 잘 드러나 있다. 고산이 수공간 조성 위치를 정할 때에 고려했던 인자는 갈수 시 및 홍수 시에의 대비, 그리고 의도한 수경 연출 효과의 달성 가능성 등으로 나누어 정리해 볼 수 있다.

사시사철 적정한 수량을 확보하는 문제는 수공간 조성에서 지금도 중요한 문제 중 하나이다. 고산은 기존에 수원이 풍부한 곳을 찾아냄으로써 이 문제를 무리없게 해결하였다. 상류 계곡에서부터 땅속으로 복류되다가 갑자기 솟아나는 샘 아래에 조성한 세연정은 우선 수원에 대한 문제가 없다. 부용동 전체를 유역으로 하는 계류는 가뭄 시 건천이 되더라도 세연정의 샘은 땅속으로부터 솟아나는 복류수로 인해 마르지 않는다. 우기와 건기 사이의 극심한 유량 변화를 보이는 한국적 지형 조건에서 세연지는 수경 조성에 천혜의 입지인 셈이다. 금쇄동 산꼭대기 안에 조성된 상지와 하지, 그리고 산 중턱에 위치한 동천석실도 모두 석천을 찾아내어 활용함으로써 수원 확보 문제를 해결하고 있다.

수공간 입지 선정에서 고산이 배려한 두 번째 요소는 홍수 시에 대한 대비이다. 그 대표적인 현장을 세연정에서 확인할 수 있다. 세연정은 보길도 주산 격자봉에서 낭음계로 흘러든 계곡물이 바다로 빠져나가는 개울의 본류에서 벗어난 지류 중간 지점에 조성되어 있다. 섬 지형의 특성상 짧고 급경사를 이루는 본류는 홍수 시 유속이 빨라 침식과 퇴적 활동이 왕성하여 수공간을 조성하더라도 안정되게 유지하기에 어려움이 많기 마련이다. 그에 비해 본류에서 분지된 작은 지류는 비교적 작은 유역에 지형도 완만하여 한결 안정된 상태를 유지하기에 유리한 것이다. 위에 말한 복류수가 갈수기에도 안정적으로 수량을 확보해 준다면, 지류라는 입지는 홍수 시에 수공간을 안전하게 유지할 수 있도록 해주는 것이다.

수공간 입지 선정에서 고려된 또 다른 요소는 적절한 수질 유지 문제이다. 세연정과 곡수당 상지 및 하지는 모두 거대한 반석 위에 조성된 연못이다. 편평한 암반은 그 자체가 커다란 바닥면이 됨으로써 물을 모으고 저장하기가 한결 용이해지면서 동시에 수질을 유지하기에 유리하다. 통상 한국 전통정원에서 연못 바닥이

그림67. 곡수당 상지의 바닥(좌). 세연지 바닥의 자연 암반(우). 거대한 암반은 저면 차수와 함께 적절한 수질을 유지하기에 유리하다.

진흙이나 강회를 사용한 다짐으로 조성되었다는 점을 감안하면, 연못 바닥 전체가 하나의 거대한 기반암으로 이루어진 곡수당의 상지나 하지, 동천석실의 석담, 그리고 세연지는 그러한 인위적 노력을 경감시켜주는 훌륭한 차수 장치를 이미 확보하고 있는 셈이다. 바닥이 자연 암반으로 된 연못은 진흙으로 된 경우보다 수질, 곧 물의 탁도 역시 훨씬 깨끗하게 유지할 수 있게 된다. 실제로 두어 자 깊이의 세연지는 맑디맑아 푸른 빛을 띠고 있으면서 암반 위로 물이 넘쳐 흐르는 것을 훤히 들여다볼 수 있었다고 전한다.[24] 그렇게 깨끗하게 유지한 수면은 물속에 노니는 물고기를 보는 즐거움과 함께 그 위로 투영된 하늘이나 구름을 관조하는 청아한 세계로 이끈다.

기존 자연경관 요소의 구비 수준도 수공간을 조성할 위치를 정하는 데 고산이 중요하게 고려한 요소 중 하나이다. 물 그 자체만이 아니라 그것을 통해 더욱 배가시킬 수 있는 총체적 경관 효과를 고려한 것이다. 자연 요소 중에서도 수경 연출 효과상 중시되는 요소는 단연 돌이다. 빼어난 자연석은 그 자체로도 아름답지만 물과 함께 어울리게 되면 더욱 빛을 발하게 된다. 세연정은 물론, 동천석실이나 수정동, 휘수정 등 고산 원림에서 물이 가장 극적으로 구사된 곳에는 빠지지 않고 빼어난 자연석이 자리 잡고 있다. 수정동 원림의 경우 원래부터 있었던 커다란 바위는 그것을 타고 넘쳐흐르는 물(폭포)이 이름(수정렴)을 가짐에 따라 수정암이라는 이름을 부여 받게 되었고 정원 감상의 주무대로 승격될 수 있었던 것이다.

---

24) 윤위, 『보길도지』 세연정편. 지금도 세연지 계담은 물밑 넓은 반석이 훤히 드러나 보일 정도로 맑은 물을 대체로 유지하고 있고, 수생식물도 적은 편이다.

25) Two ponds system(Hough Woodland Naylor Dance Limited(1995), Restoring Natural Habitas, p.156). 성종상(2005), "고산 윤선도 원림의 생태적 수경연출기법", 『환경논총』43권, 재인용.

그림68. 세연지 어리연꽃

복수의 연못 조성 : 자연형의 수공간을 조성하는 데에 있어서 중요한 원칙 중 하나는 단일의 연못보다는 둘 이상의 연못이 보다 바람직하다[25]는 사실이다. 고산이 조영한 원림에서는 거의 모든 사례에서 복수의 연못체계가 나타나고 있다. 아마도 경관 및 이용 효과에서 비롯된 것으로 추정해 볼 수 있겠으나, 결과적으로 복수의 연못 체계가 주는 생태적 효용을 위시한 다양한 효과가 발휘된 것만은 사실이다. 수류에 의한 물질 운반과 퇴적이라는 관점에서 볼 때, 둘 이상의 연못이 유기적으로 연계될 경우에는 상부 연못이 퇴적과 유속 완화를 담당하게 되고, 하부 연못은 생태적 또는 경관적 기능을 보다 원활하게 수행할 수 있게 된다. 아울러 유수의 흐름과 정체, 유량의 확보 및 조절이라는 차원에서도 복수의 연못 체계는 안정적인 수준을 유지하기에 유리하다.

수정동은 확실하게 구분되는 두 개의 연못이 원림 내 일정 거리를 두고 상지와 하지로 나누어 조성되어 있다. 작은 계곡 유역의 유량은 상부 연못에 모여 유속이 완화되고 하류부의 침식 우려를 줄여준다. 고산은 유역이 작아 물이 충분하지 못한 것을 감안하여 계곡 상부에다 연못을 만들어 물을 모으고, 필요 시에는 이를 아래쪽에 위치한 거대한 바위 위로 흘려 폭포를 연출하고 즐겼던 것으로 보인다.

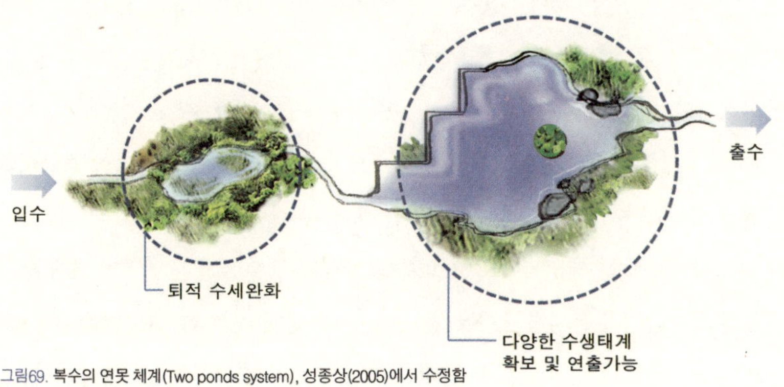


그림69. 복수의 연못 체계(Two ponds system), 성종상(2005)에서 수정함

그리고 폭포 아래의 지형을 이용한 보로 자연스러운 수공간을 만들어서 수정동 내 주거점인 인소정에서 그 경치를 부감하였다. 비록 이곳이 자연 계곡으로서 계류가 있었을 것으로 보이나, 그것을 보다 적극적으로 구성하여 정원 요소로 즐기기 위해서 물을 모으는 장치와 적절한 방식으로 연출하는 수법을 구사한 것이다.

그림70. 세연지 상류 쪽 돌출 수제(水制)와 S자형 제방(상). 큰 S자를 그리는 수로 좌우에서 돌출하여 축조된 수제는 호우 시에 유속을 조절하는 기능을 수행한다. 돌출 수제의 모습(하)

세연정에서는 흐르는 개울에 보를 막아 자연스러운 형태의 연못을 만들고 여기에 모인 물을 다시 돌려 사각형의 인공 연못을 채웠다. 일종의 자연과 인공간의 절충적 구성이라 볼 수 있는 이들 2개의 연못에는 고산의 수리학적 지식과 함께 심미적 감각이 잘 드러나 있다. 기존 계류를 보로 막아 조성한 계담은 자연스러운 하천 지형을 고스란히 담고 있다. 이에 반해 하천 유수 방향에 어긋난 방향으로 내밀어 조성된 회수담回水潭은 형태부터 방지로서의 계담과는 사뭇 다른 분위기를 지닌다. 정원 내 주 거점인 세연정이 이들 두 연못의 한중간에 놓여있다는 사실에서 그 둘 간의 다른 분위기와 경관이 의도된 것임을 알 수 있다. 상지에 해당하는 계담이 유속을 완화시키고 판석보를 통해 저수한 물을 회수담으로 돌려 보내주는 방식은 구체적 공간 배열만 다를 뿐 수정동의 상·하지와 유사한 구조로 볼 수 있다. 이렇게 해서 회수담은 보다 안정된 상태에서 그림자나 수생식물 등 물의 다양한 연출이 효과적으로 이루어질 수 있

그림71. 세연정의 초승달 모양의 판석보(상). 판석보의 디테일(하). 요철형으로 판석을 깎아 내어 조립하는 정교한 방식을 채택하였던 것으로 보인다. 그러나 어떤 연유에서인지 현재는 이를 무시한 채 엉성하게 복원되어 있다.

었을 것이다. 이 밖에도 부용동 원림의 곡수당지에는 크기와 형상이 다른 두 개의 방지가 있고, 금쇄동 원림에도 상지와 하지가 서로 잇대어져 있는 것을 찾아볼 수 있다.

수리학적 사고에 입각한 과학적 공법 : 세연지 내 상류 쪽 제방은 좌우 호안이 교차하면서 물 쪽으로 돌출된 S자 형태로 설치되어 있다. 또 그 S자 수로가 끝나는 지점에서 짧은 제방이 수로와 직교하는 방향으로 돌출되어 있는데, 이는 호우로 인한 급류시에 유속을 감소시켜 줄 수 있는 일종의 돌출 수제水制로 볼 수 있다. 부용동의 전체 유역과는 비교되지 않을 정도로 작은 유역을 갖는 계류는 집중호우 시에는 판석보를 넘칠 정도로 많은 물이 흐르는데, 이 때 S형 제방과 돌출 수제가 유속을 떨어뜨리는 작용을 수행하는 것이다.[26] 연못 속에 내버려둔 듯 흩어져 있는 칠암을 비롯한 큰 돌들도 상징적 경물이자 경관 요소이면서 그 자체로 물 흐름을 조절해

---

26) 이 수제의 유속 절감 효과는 지난 몇 년간 발생된 집중호우 시에 잘 발휘되었다. 세연지 바로 인근에 살고 있는 김종영 씨에 의하면 전국적인 홍수피해를 본 2002년 여름 보길도 내에도 곳곳에 침수와 붕괴 등의 피해가 일어났으나 세연지는 아무런 피해도 보지 않았다고 하면서 이들 제방이 유속을 완화시킨 것이 중요하게 작용하였을 것이라는 데 공감을 표명했다(인터뷰 2002년 11월 10일 및 2003년 1월 26일, 성종상, 앞의 책).

27) 『보길도지』에는 고산이 세연정에 앉아서 옥소대에서 너울너울 춤추는 무희와 채색 옷 입은 동남들이 배를 타며 노래하는 모습을 물에 비치는 모습과 함께 즐겼다는 기록이 나온다.

주는 역할을 수행한다. 그렇게 하여 세연지 수면을 안정되고 잠잠한 상태를 유지하게 됨으로써 고산은 무용수의 춤과 채색 옷 입은 동남童男들의 현란한 색채와 움직임을 물속 그림자와 함께 즐길[27] 수 있게 되었을 것이다.

S자 수로의 하류 부분에 해당하는 판석보와 회수담에는 고산의 과학적 지식에 입각한 독창적 기법이 숨겨져 있다. 계류를 가로막은 판석보는 그 축조된 구조의 독창성과 공학적 수준이 현대에 봐도 놀랄만한 수준이다.[28] 양쪽에 1~2m 크기의 판석을 넓이 약 2.5m, 높이 약 1m 정도로 벽처럼 견고하게 세우고 그 안에 강회를 채워서[29] 물이 새지 않게 한 다음, 다시 판석으로 위 뚜껑을 덮었다. 판석들 간의 이음은 '凹' 형과 '凸' 형으로 돌을 깎아서 결합시키고, 은정隱釘 홈과 촉을 박

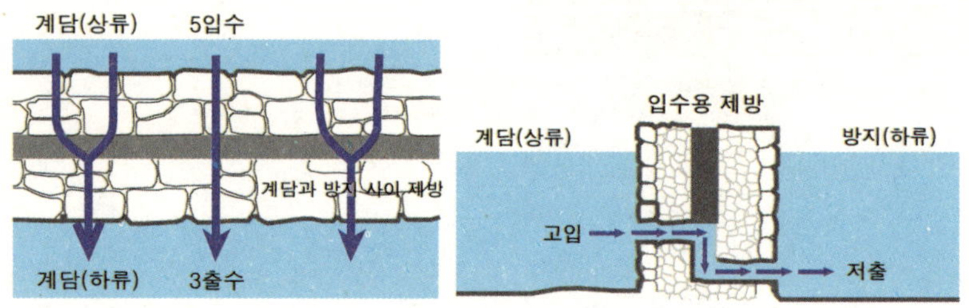


그림72. 세연지 판석보의 5입3출과 고입저출. 신영훈(1999)의 주장을 토대로 하여 작도

28) 판석보는 현지에서 굴뚝다리라고도 불리는 데, 그 구조는 양쪽에 1~2미터 내외의 판석을 벽처럼 견고하게 세우고 그 안에 강회를 채워 물이 새지 않게 한 다음, 판석으로 위에 뚜껑돌을 덮은 형식이다. 판석의 이음방식은 ㄴ자와 ㄱ자 형 등으로 판석 연결부분을 파내어 결합시키고, 구멍을 판 후 돌촉을 박아 고정시켰다. 그 정교한 구조방식과 독특한 기능성은 한국조경사에 유례를 찾기가 어렵다. 이에 대해서는 다음을 참조할 것.

정동오(1987), "윤선도의 부용동원림에 관한 연구, 『고산연구』 창간호, 고산연구회, p.285

정재훈(1990), 『보길도 부용동 원림』, 열화당, pp.36~8

신영훈(1999), 『윤선도와 보길도』, 조선일보사, pp.84~7

29) 이에 대해서 신영훈은 물속에서 굳지 않는 강회 대신 삼회토로 채웠거나 오히려 속을 비워두었을 것이라는 다른 의견을 제시하였다. 이에 대해 당시 문화재 발굴조사 현장을 목격한 현지의 강종철 윤고산 유적보존회 회장도 오랜 세월로 퇴적된 모래 등이 더러 쌓여 있었을 뿐 비어 있었다고 확인하고 있다(신영훈, 위 책, p.86).

아 고정하는 방식을 택하였다. 또한 계류의 중앙부에서 하류 쪽으로 배를 내민 곡선형의 배치형태는 그가 "한 달 동안 조수간만의 들고나는 것을 면밀히 관찰한 후 축조한" 진도 굴포리의 초승달형 방조제와 유사한 형태로서 유체 역학상의 충격을 잘 흡수할 수 있는 구조이다. 그렇게 하여 비가 오지 않을 때는 계원 공간 속의 돌다리가 되어 아름다운 조형을 이루고, 폭우가 와서 개울의 물이 넘칠 때는 폭포를 연출할 수 있었던 것이다.

그 외에도 사각형의 인공 연못으로 물을 유입시키는 수구에서 발견되었다고 하는 이른바 '오입삼출五入三出'과 '고입저출高入低出' 방식도 고산의 과학적 지식과 독창적 예술적 감각이 잘 발휘된 사례이다. 물이 빨리 유입될 수 있도록 수압 차이를 발생시킨 구조[30]가 과학적인 사고의 산물이라면, 그 결과로서 잠잠해진 수면에서 맛보는 감각의 세계는 고산의 예술적 사고가 빛나는 대목이다. 즉, 이 같은 장치를 통해 연못의 물소리는 극도로 억제되고 적막감은 배가된다. 그 적막감 속에서 잠잠한 연못에 투영되는 다양한 그림자 빛깔과 무희들의 춤사위를 바라보며 고산은 몽환의 경지, 곧 몰아의 경지에 잠겼던 것이다. 거친 풍랑이 몰아치는 바다 한가운데 섬속에서 맛보는 그 같은 초월의 경지는, 핍박과 고초 가득한 인간 세상과 대비되어 고산으로 하여금 자신만의 탈속적 세계로 빠져들게 하기에 부족함이 없었을 것이다.

30) 이는 수압 차이로 물이 잘 들어가도록 하는 기능과 함께, 물속으로 물이 유입되도록 함으로써 인공연못의 고요한 수면을 유지시키는 효과를 주는 장치이기도 하다. 자세한 내용은 다음을 참조할 것. 정재훈(앞의 책, pp.3~6); 신영훈(앞의 책, pp.103~7). 그러나 현지의 고산 후손 윤창하는 다른 견해를 제시하고 있다. 즉, 입수구와 출수구가 각각 5개, 3개가 아니라 1개(입수구), 4개(출수구)라는 것이다. 이에 대해서는 추후 정확한 현장 재발굴 조사와 더불어 보다 깊이 있는 논의를 요한다.

### 바위와 자연석의 활용

동양의 자연 감상 구도에서 돌이 차지하는 비중은 두드러진다(민병산, 1999: 107). 동양에 있어서 돌은 자연을 지지하는 중심적인 형체이고 전원의 상변적 형체를 지지하는 불변적 형태(앞의 책: 108~9)인 것이다. 한국 전통에 있어 돌에 대한 유다른 애호는 돌을 정원 구성의 주요소로 사용하는 것으로 연결되었다. 시중의 사대부 정원에서는 물론 산수 간에 만드는 원림에서도 물과 함께 바위를 정원의 중심 요소로 삼는 것이다.[31] 한국 전통적 사고체계에 있어서 물과 바위가 갖는 의미는 단순한 정원 구성 요소라는 물질적 차원을 초월한다. 그것은 도의 구현체인 자연의 정수精髓로서 그로부터 연유된 관념적 가치가 내재된 의미소이자 선비가 추구해야 할 윤리적 가치의 현현체顯現體이다. 따라서 전통 원림에 있어서 물과 바위에는 시각적 경관 차원을 넘어선 가치와 의미가 은유적으로 표상되어 있는 것이다. 고산 원림에 있어서 그것은 주로 이름 짓기로 나타나거나 시나 수필 등 자신의 심경을 토로한 글로 표현되어 나타난다. 고산이 해남의 세 원림에서의 산중생활을 노래하면서 지은 「오우가五友歌」는 그 대표적인 작품이다. 오우란 고산이 산중 생활에서 찾은 심적 교우 대상인 水(물), 石(돌, 바위), 松(소나무), 竹(대나무), 그리고 月(달)을 뜻하는 데, 그 중에서 물과 바위는 그 윤리적 가치 속성으로서 깨끗함과 지속성, 견고함과 변함없음을 표상하고 있다.

물과 바위에 내재되어 있는 중요한 또 다른 차원에서의 상징적 의미는 그것의 도교적 색채에서 연유된 것이다. 동양적 정신의 지향 세계인 신선들이 사는 선경仙

31) 이 같은 사실은 조선조 말기에 미국인 천문학자 퍼시벌 로웰이 쓴 견문서에도 잘 나타나 있다. 1885년 하버드대학 출판부에서 출간하였던 그의 조선 방문기 『Choson』에는 다음과 같은 기록이 있다. "조선조경의 또 한 가지 특색은 바위 가꾸기이다. 잘 정돈된 정원마다 3~5피트 높이의 바위들이 갖가지 흥미로운 자태로 서있다." 퍼시벌 로웰(Percival Lowell, 조경철 역, 2001), 『내 기억 속의 조선, 조선 사람들』, 예담, p.229

그림73. 수정동의 호랑이굴 바위. 「산중신곡」 '일모요日暮謠'의 배경이었을 것으로 추정된다.

境은 빼어난 경치로 이루어지는데, 물과 바위는 그 경치를 구성하는 가장 대표적인 요소이다. 주자의 무의구곡은 고산의 글에서도 자주 등장하는 대표적인 동양 전통세계에서의 이상적 경관 모델이라 할 수 있는데, 그것은 기본적으로 선계와 같은 경치를 지닌 자연 속에 들어가 신선과 같은 삶을 누리고자 하는 염원에서 비롯된 심상 구도라 할 수 있을 것이다. 인간세계를 벗어난 산수 간에 들어가 깨끗한 물과 기암괴석이 이루는 절경을 찾아 정자를 짓고 원림을 조영함으로써 신선과 같은 경지를 추구하고자 한 것이다.

보다 실질적인 차원에서 물과 바위가 갖는 의미는 정원 구성 요소로서의 활용이다. 물과 바위로 이미 좋은 풍광을 이루고 있는 곳은 조금만 손을 대어도 훌륭한 원림으로 쉽게 탈바꿈시킬 수 있다. 이 점은 계성計成이 『원야園冶』에서 갈파한 원림지의 이상적인 조건의 중요성에 관한 원칙인 '相地合宜 構園得體' 즉, 땅을 잘 살펴서 구한 원림 터가 환경이나 경관에 관한 조건에 적합하면, 그 위에 꾸미는 원림은 저절로 바람직한 형상의 틀을 얻게 된다는 원림 조성의 기본 원칙과 잘 부합된다. 특히 계성은 물을 원림 구성에서 가장 먼저 고려하여야 할 중요한 요건[32]으로 강조하고 있다.

고산 원림에서 돌은 다양하게 사용되고 있다. 현지석은 산지 지형을 순치하기 위해 사용된 주소재였고 석축, 단과 대는 그 같은 행위의 결과이다. 보길도 현지에서 산출되었던 판석은 고산의 창의적 발상을 통해 세연정의 판석보라는 첨단 공법을 탄생시켰을 뿐만 아니라, 곡수당 지역에 있었던 석정石亭(기둥과 바닥포장과 지붕을 모두 돌로 지은)[33]이라는 한국 전통조경사를 통틀어 전무후무한 독창적 조경 구조물로 나타났다. 고산의 자연석 활용은 이에 그치지 않는다. 고산의 탁월한 해석과 전용의 예는 기존 암반을 다양하게 활용하는 것에서 잘 드러나 있다. 그는 암반의 형태적 특성에 따라 다양한 용도와 의미를 부여하였다. 예를 들면 편평한 암반을 대臺로서 적극 활용하였는데, 금쇄동에 암반 위에 앉힌 휘수정이나, 동천석실의 석실자리가 그 대표적인 사례이다. 암반을 따라 물을 모으고 흘려 보내는 방식은 수정암, 요석암 등에도 잘 나타나 있다. 수직 암벽은 물을 끌어와 흘려서 폭포를 연출하는 무대이고, 돌병풍石屛으로 사용되어졌다. 또 구불구불한 암벽은 그 자체

---

32) 계성은 좋은 원림지로서 용수(用水) 및 수경(水景) 차원에서 물이 확보되어야 함을 강조하면서, 특히 '산림지'의 조영에서 가장 먼저해야 할 것이 산림 속으로 "깊이 들어가 수원을 찾아내고, 그 물길을 원림터까지 끌어오며, 때로는 낮은 곳을 파 못이나 웅덩이를 만들어야 한다(入奧疏源 就低鑿水)"라고 주장하였다. 계성(計成), 『원야(園冶)』, (황기원(1996), "원야 · 상지론 연구(2): '산림지' 를 중심으로", 『환경논총』 34, pp.35~45에서 재인용

33) 윤위가 지은 보길도지에 묘사된 곡수당 지역의 석정은 '밑에는 반석을 깔(고) …… 돌을 포개 쌓아 기둥을 세워 들보를 걸치고 조각돌로 덮' 은 것으로서, 그 모습은 '대체로 단단하고 매우 예스러운' 것이었다. 『보길도지』 곡수당편

가 돌 폭포石瀑이고 가운데가 움푹 파인 바위는 와준窪樽(돌 술통)이거나 차 바위로 탈바꿈되어 사용되었다. 바위가 다양하게 활용된 곳은 동천석실이 대표적이라 할 수 있는데, 고산은 원래부터 있던 바위를 찾아내어 석문石門, 석제石梯, 석난石欄, 석정石井, 석천石泉, 석교石橋, 석담石潭 등으로 다양한 기능과 상징을 부여하여 원림 내 공간 체계 속으로 소화시켜 낸 것이다.

### 자연과의 예술적 만남과 향유 방식

명명제영命名題詠 : 윤고산 원림에서 생태미학의 표출은 대상이 되는 자연과 친숙해지는 것으로부터 시작된다. '유'를 통해 자연물과 친해지면서 자연스레 '격물'을 이루고, 격물을 통해 이해된 대상의 특질은 고산의 독창적인 해석을 통해 시적인 이름으로 불림으로써 새로운 의미를 부여받는다. 대체로 고산은 자연물의 특징을 독창적으로 해석하되, 용구적用具的 관점보다는 본질적 속성을 상징적으로 형상화하려 하였던 것으로 보인다. 구체적으로는 사물의 형상에서 명명하거나 사물의 특질에 의거하여 의인화 내지 탁의託意로 표현하는 방식을 취하였다. 상징과 은유의 기제 방식은 고사에서의 은유, 사물의 물성이나 특징에 직접 비유, 그리고 사물의 특징, 의미 등에 간접적으로 연유하는 방식이 있다(성종상, 앞의 책: 126). 그렇게 이름을 부여하고 나서는 그 이름들을 시제詩題로 하여 예술적 미학으로 풀어냄으로써 자연미의 체험과 향유는 더욱 심화되었다. 먼저 대상을 가까이 하여 이치나 특질을 알고, 그것을 마음으로 느끼면서 자연스럽게 시적 발상으로 이름을 부여하고命名, 그것을 다시 시나 음악으로 노래題詠함으로써 자연과의 유대감이 배가되도록 한 것이다. 이러한 예술적 태도는 일견 자연주의 문학예술과도 비견될 수도 있지만, 그것이 단순한 자연 애호나 소재주의적 수준을 넘어 대상에의 정치한 접근과 이해를 바탕으로 한다는 점에서 더욱 생태적인 특질이 부각된다고

그림74. 두륜산 석양. 호남의 소금강으로 불리는 두륜산은 빼어난 경치에다 명찰 대흥사를 품고 있어서 예로부터 수많은 이들의 발길이 잦았다. 녹우당서도 멀지 않아 고산도 종종 찾아 경승을 즐기며 그 감흥을 글로 풀어내기도 하였다.

할 수 있다.

다채로운 자연물상과의 만남 : 고산으로 하여금 다수의 원림을 동시에 조영하도록 한 동기이기도 한 자연 애호의 성정은 그에게 자연에 대한 남다른 관심과 지식도 동시에 가져다 주었을 것이다. 비록 그에게 있어 자연이란 현실 내지 사회의식의 연장선상에 있다는(정운채, 앞의 책: 108) 자연 인식상의 한계를 감안하더라도, 자연이 고산에게 포근한 안식과 정의情誼의 교환을 이룩할 대상(문영오, 1983: 91)이었음은 부인할 수 없다. 그렇기에 그는 틈만 나면 산수 간을 찾아 소요하고 자연을 상찬했던 것이다. 다만 자연 상찬自然賞讚이 일반적인 자연의 미를 찾아내고 그것을 노래하는 수준에 머무는 것이 아니라, 정신적 차원으로까지 승화시켜 자기 수신修身의 통로를 자연사물에 마련함으로써 관념적인 인식적 가치에 치중하는 면을 보이기도 한다. 그러나 그의 실증과학을 중시하는, 당시 유학자로서는 남다른 성향과 섬세한 안목, 그리고 무엇보다 자연 애호의 성정을 감안해 보면 그는 자연 사물과 현상의 속성을 이해하고 구조를 파악하는 데에 남달랐을 것으로 판단된다. 실제로 그의 문학작품들과 원림에는 그 같은 판단을 뒷받침해 주는 많은 구체적인 사례들을 발견할 수 있다.

고산은 타고난 자연 애호의 성벽을 바탕으로 하고 몸소 찾아가 즐긴 산거 생활에서 발견한 자연의 묘미와 이치를 감상하고 자신의 수신修身 통로로 삼고자 하였다. 어부사시사에 나타나는 수많은 자연물과 자연현상들은 그 같은 과정을 겪고서 찾아낸 것들인 것이다. 바다 속 섬에서의 사시사철을 노래한 어부사시사에는 백구, 물고기, 자규, 뻐꾸기, 버들숲, 복숭아나무, 풀꽃(방초), 난초 등의 동식물들과 물결, 눈, 산, 석양, 달, 모래, (깊은) 소沼, 뫼 등의 물상, 그리고 바람, 서리, (고운) 볕, 이슬, (궂은) 비, (흐린) 구름 등의 기상 요소들이 다양하게 나타나 있다. 그것들은 모두 바다 생활에서 맛볼 수 있는 서경과 서정을 동시에 의미하는 소재이자 그것을 묘사하기 위한 제재인 것이다. 일종의 '시 속에 그려진 그림詩中有畵' 이라고도 일컬어지는 이 시가에서 우리가 읽을 수 있는 것은 고산의 자연물상에 대한 해박한 지식과 유다른 애호지심愛好之心이다. 달리 말하자면 그와 같은 자연에 대한 지식과 사랑은 고산으로 하여금 자연에 대한 유별난 안목과 인식을 가져다 주었고, 그것은 다시 자연 사물과 그 속성에서 이치를 찾고 특별한 정신적 유대를 갖도록 해 준 것이다. 자연물상과 자연현상의 속성을 이해한다는 것은 결국 자연계의 생태적 구조에 대한 이해와 연결된다. 주위의 자연환경 속에서 각 대상물이 존재하고 발현하는 과정과 구조를 모르고서는 그 속성을 파악할 수가 없고, 진정한 의미에서의 교감이란 어려운 것이 되기 때문이다. 어부사시사는 바로 이 같은 고산의 자연에 대한 생태적 이해를 토대로 그의 예술적 감성에 기인한 남다른 교감이 빚어낸 심상 이미지와 정서의 노래인 것이다.

신의新意에 입각한 시적 표현 : 자연현상에 대한 고산의 감각적이고 독창적인 해석은 그의 시 여러 곳에서 발견된다. 어부사시사에서는 하루 중 시간경과에 따른 서사적 정경이 순차적으로 전개된다.

> 압개에 안개 것고 뒷 뫼희 ᄒᆡ 비친다.
> 밤믈은 거의 디고 낟믈이 미러온다.
> 강촌 온갖 고지 먼 빗치 더욱 됴타. 「어부사시사」 '春1'

하루라는 시간 길이 중에 일어나는 자연현상의 전개과정을 안개와 해, 밤물과 낮물로 대귀법적으로 경쾌한 운율 안에서 나열하면서, 아침햇빛 아래 점차적으로 드러나는 강촌 정경을 생동감 있게 표현하고 있다. 그 생동감은 종장에서 빛의 펴짐과 연동시켜 시야를 줌아웃zoom-out시킴으로써 시지각과 공간 영역상의 공감대가 동시에 유도되면서 효과가 배가되고 있다. 그의 자연 현상에 대한 이 같은 심미안과 감각이 원림 조성에도 유감없이 발휘되었음은 분명하다(성종상, 앞의 책: p.129). 금쇄동 인빈寅賓은 고산의 창의적인 상상력이 자연 물상과 만나 시적으로 상징화된 대표적인 사례이다. 인빈이란 산꼭대기 외곽 산성에서 가장 동측에 돌출된 거대한 절벽바위를 가리키는데, 그곳은 매일 아침 일찍 떠오르는 해를 가장 먼저 맞이할 수 있는 곳이다. 동방의 손님을 의미하는 인빈은 곧 붉은 아침 해를 가리키니 천계에 속한 해와 조우함으로써 자신이 발을 딛고 있는 그곳에서 선계는 더욱

그림75. 금쇄동 인빈. 자신이 찾아내어 조영한 선계 금쇄동에서 천계(아침해)와 인간세(임금)를 만나는 상징적인 장소이다.

공고하게 상징화 된다. 뿐만 아니라 해는 임금을 상징하기도 하니, 아침마다 해(임금)에게 인사함으로써 자신의 충의를 재확인하고, 좌절된 정치적 욕구를 대리 만족시켜 주기도 하는 것이다. 자연물상(절벽 바위)과 자연계 현상(붉은 아침 햇살)과의 만남에서 비롯된 특징적 현장을 읽어내어 시적인 이름을 부여하면서 중의적인 의미로 표현해 낸 것이다.

그는 자연 속에 머물면서 자연현상의 미묘한 특질조차 놓치지 않고 조경적으로 활용함으로써, 자연을 자신의 심상과 동화시키는 예술적 경지를 즐겼다고 볼 수 있다. 그의 탁월한 산수관에 덧붙여 조경이란 적극적인 행위는 자신이 꿈꾸는 탈속적 산거지락山居之樂을 향유하기 위한 구체적인 방편이 된 셈이다.

# 5
# 마무리를 대신하여

오늘날 생태가 기술 내지 도구 수준으로 전락하고 있다는 지적을 극복하기 위해서는 생태 기술을 적절하게 사용하여 다목적 가치를 창조하고 통합된 효용을 발휘하도록 할 필요가 있다. 그런 점에서 시와 음악, 그리고 무용이 한데 어우러진 예술 생산 및 향유의 장이면서, 지친 심신과 어지러운 갈등을 해소시켜주는 정신적 육체적 해방의 장이기도 하고, 홍수 조절과 풍수상의 허결을 비보해주는 환경적 인프라스트럭처이기도 한 고산 윤선도의 원림이야말로 생태적 기술이 날로 부각되는 오늘날 우리가 재발견할 만한 가치가 있는 소중한 보고임에 틀림이 없다.

일찍이 인도의 시성 타고르는 동양 문화의 원천을 서양의 성벽과 대비시켜서 산림 속에서 찾았다. 동양에 있어서 자연, 특히 산수는 일찍부터 인간 삶과의 깊은 연대의식 속으로 들어와 있다는 사실을 그는 잘 간파하고 있었던 것이다. 자연과 동화 내지는 일체화하려는 동양인의 심성은 동양화의 구도에서도 잘 나타난다. 동양의 산수화에는 사람들은 아예 없거나 있어도 한두 사람이 그려질 뿐이면서 산속으로 들어가는 구도를 취하는 등 대체로 산수와 통합되는 존재로 표현된다. 마찬가지로 한국 전통에서 산수간에 마련된 정원, 곧 원림은 철저하게 자연과의 조화를 유지하는 한도 내에서 조영되었다. 그것은 정원을 조영한 선비들이 정원을 단순한 휴식이나 감상의 대상이 아니라 자신들의 정신세계를 상징적으로 구현한 또 다른 삶의 공간으로 간주하였음을 의미한다. 윤고산 원림에서도 이와 유사한 태도를 읽을 수 있다. 빼어난 산수 간을 찾아 들어가 그 속에 융화되도록 만들어낸 정원은 자연과의 일체화된 합일을 추구하는 자세의 구체적인 산물로 볼 수 있다. 자연과의 합일을 통해 고산은 자아의 예술적 승화와 윤리적 의식 고취를 도모하고자 한 것이다. 그런 점에서 고산 윤선도가 산속에 펼쳐놓은 원림은 자연에 대한 이해를 토대로 하여 조영한 시이고 예술적 작품이면서, 동시에 그것들이 생산되는 현장이었다고 할 수 있다. 고산이 조영한 원림에 대한 해석 작업으로서 본 연구의 주요 내용은 대략 다음과 같이 몇 가지로 구분하여 요약해 볼 수 있다.

정원 해석에 앞서 작정자로서 고산 윤선도의 생애사를 시대 상황과 배경, 그리고 개인적 성향과 정신세계로 나누어 고찰하였다. 시대 상황으로 볼 때 고산은 임진왜란부터 병자호란까지 조선조 최대 전란이 집중되고, 정쟁으로 인한 사회적 혼란이 극심한 시대를 살았다. 그의 집안과 그 자신이 정치적으로 피해를 받은 데다, 개인적인 비극까지 겹쳐 당하게 되면서 그는 세속적 가치와 벼슬길에 대해 강한 회의와 환멸을 느꼈을 것이다. 고산이 인간세상을 떠나 산 속에서 원림 생활을 시작한 데에는 그와 같은 당시 처지가 중요하게 작용하였을 것이다. 거기에다 자연 애호의 성정과 유불선을 넘나들었던 사상 세계, 그리고 예술적 취향과 자질이 더해져서 그의 원림은 한국 조경사에 크나큰 의미와 족적으로 남게 된 것이다. 그런 점에서 본 연구에서는 고산 윤선도를 한국 최고의 조경가로 간주하였다. 그것은 첫째, 고산이 조영한 정원이 숫자상으로도 한 개인이 만든 정원으로서는 한국 조경사에 유래가 없을 만큼 많고, 둘째 그가 남긴 정원들은 질적으로도 한국을 대표하는 걸작들이며, 셋째 그는 정원을 만드는 데에만 그친 것이 아니라 이용하고 즐기는 데에도 남다른 취향과 태도를 보였다는 점을 종합적으로 고려한 것이다. 실제 고산은 보길도 부용동, 해남 수정동, 금쇄동 등 현재도 그 흔적을 찾아 볼 수 있는 정원들 외에도 해남 문소동, 남양주 수석동 고산촌, 심지어는 유배지 삼수와 기장 등에도 정원과 관련된 기록을 남겼다.

고산 윤선도가 조영한 원림은 대체로 산수 간에 위치하고 있다. 그가 예전부터 살아온 곳이 아니라 굳이 산속에까지 찾아 들어가서 조성한 것이다. 그것은 고산의 원림들이 자신이 집 근처에 '일부러 만든' 것이 아니라 자연 경승이 빼어난 곳을 찾아내어 '자연스럽게 조성하고 찾아가 즐기는' 방식을 취하였음을 의미한다. 이미 자연이 빼어나니 과도한 인위는 오히려 바람직하지 못하다. 인위는 최소한으로 절제한 채 자연 경물을 읽어내고 상징적 의미를 부여하며 시로 노래하기를 즐겼던 것이다. 빼어난 자연을 찾아내고 상징적으로 표현해내기 위해서는 자연에 대한 이해가 뒷받침이 되어야 가능하다. 애당초 고산이 산수 간을 찾아 들어간 연유가 인간 세상에서의 좌절과 번뇌로부터 벗어나려는 것이었으니, 원림은 의당 아름답고 건강한 자연에 터를 잡기 마련이었다. 생태적으로 건강한 곳에다 정원을 만들되 기존 자연을 제대로 읽어 내어 그 질서 속에 정원을 편입시키는 방식을 취한 것이다. 고산의 원림이 생태적일 수밖에 없는 연유가 바로 여기에 있다.

본 연구에서는 고산이 정원을 조영하면서 꿈꾸었던 지향세계와 결과로서 구현되었던 생태미학이라는 두 갈래로 고산 원림 읽기를 시도하였다. 고산이 원림을 조영하며 꿈꾼 세계는 탈속의 추구와 자연과의 합일, 그리고 선계로의 지향으로 정리된다. 탈속의 경지로 다다르기 위해 그는 자신의 원림 속에다 다양한 방식과 기법을 구사하였다. 그것은 때로 예술적 상상이나 독창적 사고를 통해서, 또 때로는 실증 과학적 지식에 근거함으로써 훌륭하게 달성되어 향유되었던 것으로 보인다. 고산 원림에서 정교한 물적 장치나 기법과 함께 리얼리티를 넘어서는 공감각적 세계를 동시에 맛볼 수 있는 것도 바로 그 때문이다. 아울러 고산 원림에서 읽을 수 있는 생태미학은 원림 조영에의 접근 태도와 방법, 입지 선정, 공간 구도 설정, 수경의 조성 및 연출, 바위의 활용, 그리고 자연과의 예술적 만남과 향유 등에서 풍부하게 찾아볼 수 있다.

오늘날 생태가 기술 내지 도구 수준으로 전락하고 있다는 지적(Anne Whiston Spirn: 2001)을 극복하기 위해서는 생태 기술을 적절하게 사용하여 다목적 가치를 창조하고 통합된 효용을 발휘하도록 할(William E. Wenk: 2002) 필요가 있다. 그런 점에서 시와 음악, 그리고 무용이 한데 어우러진 예술 생산 및 향유의 장이면서, 지친 심신과 어지러운 갈등을 해소시켜주는 정신적 육체적 해방의 장이기도 하고, 홍수 조절과 풍수상의 허결을 비보해주는 환경적 인프라 스트럭처이기도 한 고산의 원림이야말로 생태적 기술이 날로 부각되는 오늘날 우리가 재발견할만한 가치가 있는 소중한 보고임에 틀림이 없다. 더군다나 그것이 우리 고유의 가치와 감성에 닿아 있으면서 우리가 살고 있는 여기, 바로 이 땅에서 구현된 것임에야 더욱 말할 나위가 없지 않은가.

# 참고문헌

## 동양문헌


### 고문헌

孤山遺稿

孤山年報

尹善道, 『金鎖洞記』

尹忭章, 『甫吉島誌』

家狀遺史

국역 홍제전서, 민족문화추진위원회, 1998

『大漢和辭典』, 大修館書店

### 서적(단행본)

고미숙(1998), "격변기에 산출된 강호미학의 정점 - 고산 윤선도", 『한국고전문학 작가론』, 민족문학사연구소 고전문학분과, 소명출판

김봉렬(1999), 『앎과 삶의 공간』, 이상건축

동달(1995), 『조선 3대 시가인 작품과 중국 시가문학과의 상관성 연구』, 탐구당

柳宗悅(1981), 『柳宗悅全集』 第六卷, 東京: 筑摩書房

문영오(2001), 『고산문학상론』, 태학사

민병산 역(1978), 킴바라세이코 저, 『동양의 마음과 그림』, 새문사

박석무(1996), 『다산기행』, 한길사

박연호(2002), “장르론적 측면에서 본 17세기 강호가사의 추이”, 『조선중기 시가와 자연』, (신영명 외 지음), 태학사, pp.357~396

박준규(1997), 『고산 윤선도의 생애와 문학』, 전남대 출판부

성종상(2006), “고산 윤선도 원림의 생태미학”, 『LAnD: 조경 · 미학 · 디자인』, 도서출판 조경, pp.210~231

신영주 역(2003), 곽희 저, 『곽희의 임천고치』, 문자향

신영훈(1999), 『윤선도와 보길도』, 조선일보사

신은경(1999), 『풍류 - 동아시아 미학의 근원』, 보고사

유중하 역(1999), 장파 저, 『동양과 서양, 그리고 미학』, 푸른숲

윤사순(1998),『조선 유학의 자연철학』, 예문서원

윤승현(1993), 『실록 고산 윤선도』, 사회복지저널사

———(1999), 『고산 윤선도 연구 - 고산촌 발견과 고산연구를 위한 기초자료』, 홍익재

윤정하 편역(2003), 『고산 윤선도시가집』, 홍익재

윤주현 · 박호백 역(2003), 『고산 윤선도 문학선집』, 정미문화

이도원 외(2004), 『한국의 전통 생태학』, 사이언스북스

이민홍(2000), 『조선조 시가의 이념과 미의식』, 성균관대학교 출판부

장춘익(1999), “생태철학: 과학과 실천 사이의 지적 상상력”, 『생태문제와 인문학적 상상력』, 나남출판

정운채(1995), 『윤선도 - 연군지정과 이념의 시세계』, 건국대출판부

정재훈(1990), 『보길도 부용동 정원』, 열화당

조경철 역(2001), Percival Lowell 저, 『내 기억 속의 조선, 조선 사람』, 예담

조민환(1998), 『중국철학과 예술정신』, 예문서원

조요한(1973), 『예술철학』, 경문사
———(1999), 『한국미의 조명』, 열화당
최진원(1988), 『한국고전시가의 형상성』, 성균관대학교 대동문화연구원
최창조(1991), 『한국의 풍수사상』, 민음사
한국건축문화연구소(1999), 『윤선도유적 및 현산고성 학술연구보고서』, 해남군
해남문화원(1996), 『고산문학 현장조사 보고서』, 고산문학대축제 총서 제1집
허경진 옮김(1998), 『고산 윤선도 시선』, 평민사
현상윤(1999), 『조선유학사』, 현음사

논문(일반/학위)

곽신환(1987), "주역의 자연과 인간에 관한 연구", 성균관대학교 박사학위논문
구수영(1990), "어부사시사의 자연배경고", 『고산연구』 제4호, 고산연구회, pp.1~16
권영걸(2001), "한중일 전통공간의 조영정신과 방법에 관한 비교연구", 고려대학교 박사학위논문
김은미(1991), "조선초기 누정기의 연구", 이화여자대학교 박사학위논문
金眞成, 藤井 英二郎(1998), "朝鮮時代の儒學者 尹善道の庭園遺構とそにみる隱逸の思想-日本との比較を視野に入れながら", 日本庭園 學會誌6, pp.1~16
박요순(1987), "고산의 문학의식 연구", 『고산연구』 창간호, 고산연구회
성기옥(1987), "고산시가에 나타난 자연인식의 기본틀", 『고산연구』 창간호, 고산연구회, pp.205~248
______(1998), "사대부 시가에 수용된 신선 모티브의 시적 기능", 『국문학과 도교』, 한국고전문학회 편

성범중(1988), “윤고산 한시 연구”, 『고산연구』 2권, 고산연구회, pp.83~146

성종상(2003), “조경설계에 있어서 ‘생태-문화’ 통합적 접근에 관한 연구”, 서울대학교 박사학위논문

______(2005), “고산 윤선도 원림의 생태적 수경연출기법”, 『환경논총』 43권, pp.269~280

유가현(2007), “남양주 고산 산수정원 설계”, 서울대학교 환경대학원 석사학위논문

이동환(1980), “퇴계 시세계의 한 국면”, 『퇴계학보』 제25집, 퇴계학연구원, pp.73~78

정동오(1987), “윤선도의 부용동 원림에 관한 연구”, 『고산연구』 창간호, 고산연구회, pp.269~94

______(1989), “고산 윤선도의 별서생활과 부용동원림의 지원에 관한 고찰”, 『고산연구』 제3호, 고산연구회, pp.101~42

황기원(1992), “『林泉高致』에 나타난 郭熙의 自然觀”, 『환경논총』 30권, pp.152~91

______(1994), “『園冶 · 興造論』 연구(2): 因借論을 중심으로”, 『환경논총』 32권

______(1995), “『園冶 · 相地論』 연구(1): 通論을 중심으로”, 『환경논총』 33권

______(1996), “『園冶 · 相地論』 연구(2): ‘山林地’ 를 중심으로”, 『환경논총』 34권

기타

해남문화원(1996), 『고산문학현장조사보고서』, 고산문학축제총서 제1집

해남군(1999), 『윤선도 유적 및 현산고성』, 명지대학교 부설 한국건축문화연구소

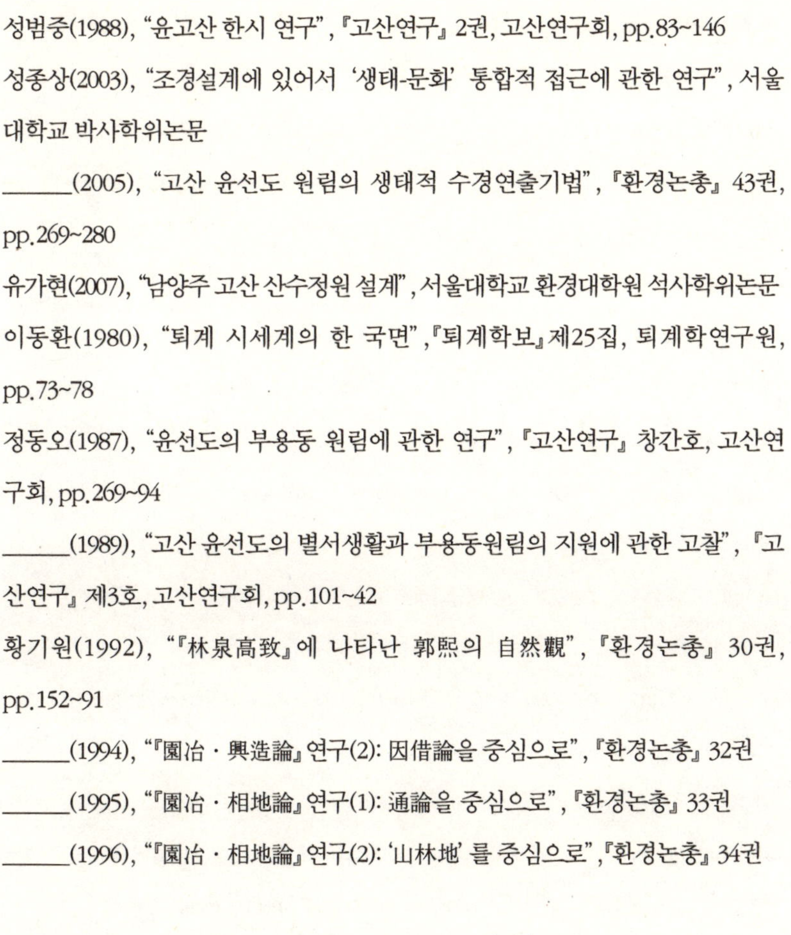

## 서양문헌

A. E. Bye(1983), *Art into Landscape, Landscape into Art*, PDA: Mesa

김주경 역(2001), 『대지에서 인간으로 산다는 것』(Berque, Augustin, Être humains sur la terre), 미다스북스

Callicott, Baird and Ames, Roger T.(1989), *Nature in Asian Traditions of Thought: Essays in Environmental Philosophy*, State University of New York Press.

Hough, Michael(1990), *Out of Place: Reconstruction Identity to the Regional Landscape*, Yale University Press.

______________(1995), *Cites and Natural Process*, London and New York: Routledge

Hough Woodland Naylor Dance Limited(1995), *Restoring Natural Habitats*, Trust Publications

Jala Makhzoumi and Gloria Pungetti(1999), *Ecological Landscape Design and Planning*, E&FN Spon

Spirn, A. Whiston(2001), "The Authority of Nature; Conflict, Confusion, and Renewal in Design, Planning, and Ecology," in *Ecology and Design: Frameworks for Learning*, ed. Bart R. Johnson and Kristina Hill, Washington DC: Island Press, pp.173~90

Wenk, William E(2003), "Toward an inclusive concept of infrastructure", in *Ecology and Design: Frameworks for Learning*, ed. Bart R. Johnson and Kristina Hill, Washington DC: Island Press, pp.173~90

Corner, James(1997), "Ecology and Landscape as agents of Creativity", in

*Ecological Planning and Design*, ed. George F. Thompson and Frederick R. Steiner, N.Y.: John Wiley&Sons, Inc.